生命不可過濾

葡萄酒的返本之路

林裕森

Yu-Sen Lin

序

僕僕風塵中的身歷其境之美

這是寫作生涯中，第四本葡萄酒散文集，收錄的五十餘篇短文，選自近年發表在《商業週刊》、《品味》、《葡萄酒評論》以及《知味》的專欄文章，談的大多是因自然派革新運動而起，對於近三十年來所學葡萄酒知識的反思與自省。聽起來像是相當嚴肅的正經課題，但即使無心於自然派，這些文章其實也是熱衷於葡萄酒的中年歐吉桑，在醺醉間所生出的人生小體悟。

從一九九三年轉而在法國普羅旺斯修習葡萄酒以來，生命中大部分的時光（與積蓄）都泡浸在葡萄酒裡，現在回想，漫漫的人生路程，卻彷彿也是葡萄酒從全球化轉向在地化、從擁抱科技回歸自然田園這諸多發展進程的縮影。這本文集值得被發印成書，也許正因這意料之外的人生境遇與轉折，剛好交疊印照出葡萄酒世界在我們這個世代裡發生的、最戲劇性的變革。

風土主義、在地原生品種、自然動力農法、原生酵母發酵等等，都與自然派「少添加、少干擾」的理想相對接，但也幾乎已是現今精品葡萄酒的常態。一九九四年為第一本葡萄酒書的寫作計畫走訪歐美十多國產區時，這些都還不是當年最受關注的議題，更常聽到的是，能釀出神奇風味的選育酵母、能被全球市場看見與理解的國際名種；在加州訪問時，釀酒師們還常會提醒我，風土只是法國人高明的行銷伎倆；而剛起步的自然動力農法常是釀酒師閒聊時的笑柄。這些如髮夾彎般的轉變自然派雖參與其中，但其實是時代發展的必然。

觀察敏銳的讀者可能已經察覺，雖然談的是近年來才開始受到關注的自然派革新運動，但書中引用的，卻多是已頗知名的葡萄酒經典，被提及的釀酒師甚至有可能不願被歸為自然一派。這樣安排，並非要偷渡自然派成為今時的主流，而是從酒杯裡體察感應到的時代變遷中，自然派所提倡的諸多理想，也許在方法上有些不同，但並沒有真的背離現今葡萄酒世界的發展潮流。

例如收錄在「葡萄酒生死課」章節中，和書同名的〈生命不可過濾〉，討論的是雪莉酒中最經典常見，需仰賴飄浮酵母菌的協力方能培養成的Fino和Manzanilla雪莉酒。新近才開始流行，沒有過濾，或僅輕微濾去懸浮酒渣的En Rama版本，卻讓我們見識到在瓶中留下生命的重要，甚至還意外發現了雪莉酒瓶中陳年的可能。但其實，很少有人會將En Rama視為自然派葡萄酒，雖然這可能是最接近自然派理想的雪莉酒了。

曾經，我以為在拜訪酒莊時，直接從木桶中取出的酒總是特別好喝，是因為新鮮，但慢慢發現，留存在酒中的生命，如飄浮酵母、乳酸菌等等這些微生物，也許才是關鍵，它們讓每瓶酒自成一個生態系統。而過度的過濾，或添加太多抗氧抑菌的二氧化硫，留下來的，會是一個無能循環往復，只會走向敗壞的形體。在二十五年前出版的第一本書中，曾經引用了細菌學家巴斯德的名言「在一瓶葡萄酒裡，蘊含著比所有的書裡更多的哲學」。現在我想再補上「在一瓶葡萄酒裡，都藏著一片生命繁茂的微生物森林」。

一九九〇年代拜訪酒莊時頗常喝到有明顯釀造瑕疵的葡萄酒，現在大概只有拜訪自然派酒莊時才有機會遇到。現代釀酒學的發展與普及，確實讓葡萄酒的品質達到高點。特別是為葡萄酒工業化量產奠定基礎，大幅降低成本，即使低價酒都可以有不錯的水準。但釀酒科技也讓釀酒師可以依據市場需要或酒評家喜好，隨心所欲改造葡萄酒風味，為珍貴的地方風土滋味帶來威脅。

伴隨著現代釀酒學而來，以客觀描述為要的感官分析品嘗法，是現在葡萄酒世界裡的共通語言，也讓葡萄酒開始有了可以量化和比較的價值標準，這讓客觀的酒評系統成為可能，甚至開始主宰世界，牽引著一整個世代的葡萄酒菁英們忙於為酒打分數和追求更高的分數，卻忘了在感官可及之外，葡萄酒裡還有其他跟形體外貌一樣重要的因子。自然派提倡回到飲料本質的glouglou，更注重生命律動，更直觀的身體感應，都像是在提醒我們不要因此忘了葡萄酒的本質，要記得在酒裡為多樣的生命留下通道。

表面上看起來自然派像是站在現代釀酒學的對立面，但其實，更像是對葡萄酒業過度仰賴技術操弄，而錯失葡萄酒本質的反省和提點。看似守舊的回到過去的主張，卻為葡萄酒世界保存與復興了諸多被取代和遺忘的珍貴傳統釀造技藝。橘酒、陶罐培養、古園混釀、淡紅酒、自然氣泡酒和再製的Piquette等等。都是自然派釀酒師們從過往傳統中汲取靈感所創造出的全新酒種和風味，為以創新延續傳統火焰做了最貼切的示範。

現代釀酒學為我們開啟了葡萄酒的黃金時期，自然派卻給我們一個繁華多樣的葡萄酒世界。人生的選擇不該只有開往單一終點的直達列車，葡萄酒應該也一樣，自然派選擇用雙腳踩踏土地慢行，雖須忍受僕僕風塵之累，但或許，更能飽享沿途風景的身歷其境之美。

目錄・contents

Part I
少即是多

PartII 經典。Remix

Part III 髮夾。彎

Part IV 葡萄酒的生死課

Part V 騾子與賽馬

Annex 反本之路

15

Part I

少即是多

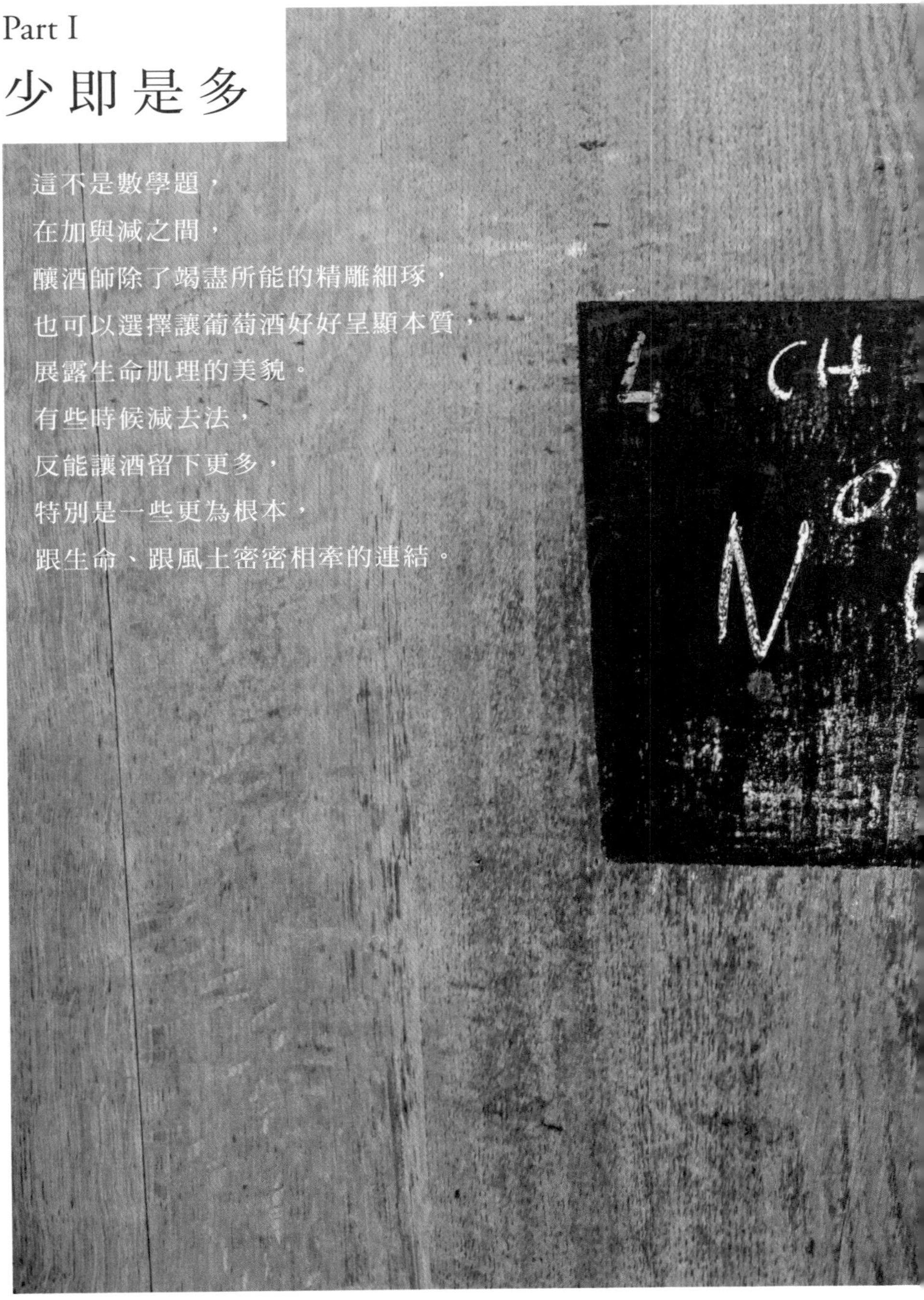

這不是數學題，
在加與減之間，
釀酒師除了竭盡所能的精雕細琢，
也可以選擇讓葡萄酒好好呈顯本質，
展露生命肌理的美貌。
有些時候減去法，
反能讓酒留下更多，
特別是一些更為根本，
跟生命、跟風土密密相牽的連結。

越便宜越好喝

Guy Breton酒莊最廉價也最美味的Cuvée Marylou。

〈為什麼便宜的酒可以更好喝？〉這是英國葡萄酒作家Jancis Robinson出發前往法國南部度假前，在《金融時報》（*Financal Times*）的專欄標題。讀她的文章二十多年了，覺得這篇真的講出了我的真心話：她認為規模較大的酒廠，中價位的酒通常最值得喝；至於小量生產的酒莊，最低價的酒常常最有吸引力。

我的經驗其實也多半如此。「貴的酒比較好喝嗎？」這一直是葡萄酒入門者最為好奇，也最關心的問題。如果只是針對直覺式的好不好喝來說，我必須摸著我的良心說，一旦超過最低生產成本的價格之後，酒好不好喝不只跟身價沒有關聯，越貴的還常常比較不好喝，特別是有多重系列跟價格帶的酒廠更是如此。

酒評家們常會將葡萄酒區分成即飲和須經長時間培養才適飲的酒款。前者順口好喝，常被視為低階入門酒，而後者則多為進階的高級酒款。葡萄皮中的單寧會讓紅酒產生澀味，但因具抗氧化能力，常被視為耐久存的關鍵因子，大部分的釀酒師在釀製頂級酒時常刻意萃取出更多單寧作為耐久潛力的保證，也讓許多高價紅酒因高單寧，喝起來澀味特別明顯。

但單寧只是葡萄酒眾多耐久的因素之一，許多少單寧的葡萄酒也一樣可以久存。我慢慢發現，即使只考量陳年風味，中低價位的酒款也不一定就比不上高價的頂級酒。但過度簡化的理性推理卻讓酒評家和葡萄酒迷們對於紅酒中的單寧澀味過度熱

Imported by KERMIT LYNCH
2017
BEAUJOLAIS-VILLAGES
750 ML.

衷與容忍，讓越貴的酒常常越不好喝，卻又經常更受歡迎。「還沒成熟」、「等十年再喝」更經常是高價旗艦酒最容易蒙混的托詞。

為了讓大量萃取的頂級紅酒好喝一些，釀酒師可以採用許多方法來改善，例如讓葡萄更成熟一些再採收、採用更多新橡木桶培養、以奈米陶瓷進行微氧化處理（Micro-oxygenation）、經過泡渣攪桶或是添加酶等等。而大費周章的目的，卻只是要柔化一開始費盡心力萃取出來的大量單寧。

不只是紅酒，在白酒的領域裡也有類似的現象。越高級的白酒通常越講究質地與多變的香氣，清爽可口，果香純粹奔放的白酒雖然好喝，但只會被視為低階的入門酒。要釀成進階的高級白酒，釀酒師習慣透過降低產量、延遲採收、橡木桶發酵培養、進行攪桶等各種方法讓白酒變得更濃縮，變化出水果以外的香氣，甚至最好帶點澀味提高酒的結構。這樣酒體雄偉、冒著橡木桶氣味的高級白酒，雖然可能相當多變，也可能頗為耐久，但距離單純的「好喝」卻是越來越遙遠了。

這些釀酒技法增加了生產成本，卻反而常讓酒失去原有的均衡，少了律動和生命力，正是讓高價的葡萄酒常常比低階酒更不好喝、更不適合佐餐、離可口飲料更遠的另一原因。

南澳d'Arenberg酒莊。

老一輩的酒迷愛說：人生苦短，不要浪費在便宜酒上。但我真心想告訴剛入門喝葡萄酒的朋友們：人生苦短，何必一再地喝又貴又難喝的酒呢？

什麼都不做

竭盡所能，努力不懈以釀造出最精彩的葡萄酒，其精神也許值得敬佩，但卻常常忙著做「錯的事」卻不自知。但有人什麼都不做，也不特別勤奮，卻釀成更珍貴，也更迷人的葡萄酒。

常被酒迷暱稱為花堡的Château Lafleur是玻美侯（Pomerol）產區最獨特，也最難以捉摸的酒莊。玻美侯以梅洛葡萄聞名，是酒風最性感的波爾多紅酒，但花堡的葡萄園有一半種植卡本內弗朗，風格沉靜內斂，有時甚至有些隱晦不明，少能一眼看盡；但待其成熟時，那優雅萬變之姿，卻是少有酒莊可及。許多人都相信花堡的傳奇特色來自葡萄園所在的自然條件，但這可能只是眾多的原因之一，更關鍵的，或許是園中種植的葡萄樹，這是和花堡少莊主巴提斯特（Baptiste Guinaudeau）花了一個多小時徒步參觀四．五公頃葡萄園之後的深切體認。

一九四六年，巴提斯特的兩位姑婆因為她們的父親André Robin過世而接任花堡的管理工作，直到一九八〇年代。這兩位終身未嫁的女莊主沒有太多的酒莊管理經驗，也未受過專業訓練，只是一板一眼地依據父親遺留下來的種植與釀造方式維持酒莊的營運，近四十年都未曾改變。園中一直留著她們父親當年選育的葡萄樹，絕不拔掉重種，其中，有許多至今都還是依循古法，同時混種著梅洛與卡本內弗朗葡萄。老舊窄小的酒窖衛生條件不佳，釀成的酒都是在舊

Baptiste Guinaudeau在Château Lafleur的葡萄園。

木桶內培養，甚至常與豢養的雞鴨混雜一室。即使如此，兩姐妹仍釀出了如一九四七、一九六一、一九六六、一九七〇、一九七八、一九七九和一九八二等，眾多傳奇般的珍釀。

我和巴提斯特來到城堡西南邊堆滿礫石的矮坡上，他告訴我這片看似全園最佳的土地，釀成的葡萄酒品質卻甚至不及花堡的二軍酒Les Pensées de Lafleur，通常只能整桶賣給酒商，而不自己裝瓶。這些是他姑婆過世後，採用晚近選育的樹苗重種過的葡萄樹。也許，花堡可以如此孤立特出的真正解答，就在於那些珍貴的卡本內弗朗樹種，沒有因為梅洛的流行而改種，也沒有因為方便管理而重種新苗。

巴提斯特花了三年的時間，以稱為Massale的傳統古法選種，從酒莊數萬棵的葡萄樹中挑選最優秀健康的植株進行育種。新苗已經開始種植到花堡的葡萄園裡，西南邊的礫石矮坡很快就會再種回原本的卡本內弗朗老種，將祖先流傳下來的最珍貴資產延續下去。其實，放眼全波爾多，以高比例的卡本內弗朗聞名的酒莊，只有花堡、白馬堡（Château Cheval Balnc）和歐松堡（Château Ausone）三家，他們的共同特色就是都擁有珍貴的老樹基因，沒有被經過種苗場人工選育、表現單一的商業樹苗所取代。

在波爾多只經一個世代，就毀滅了數千萬的卡本內弗朗。但只要留下一小片老園，就能再度衍生數以萬計的子代。一九八五年，巴提斯特的父親接手管理花堡，那時，他並不知道已經七十四歲的姑姑交給他的是多麼珍貴的遺產，其中最大的祕訣便是這四十年間，她什麼都不做。

少即是多

這不是一個數學題或美感課題，而是一個釀酒師的釀造建議。不惜成本、降低產量，選用最好的橡木桶，添購最先進的設備，聘請最知名的釀酒顧問，或者，也租一匹馬來耕田，辛勤努力地做這個、做那個……最後，真的釀出更迷人的酒嗎？

在我認識的諸多國際級釀酒顧問中，出身義大利托斯卡納（Toscana）地區的阿爾貝托．安東尼尼（Alberto Antonini）是我心中最欣賞的一位。除了在義大利擔任許多名莊的顧問，南美洲能有今日這麼多樣精彩的葡萄酒，他應該是最重要的推手之一。除了他所釀成的、風格內斂雋永的酒風，也特別喜愛他獨樹一格的釀酒哲學——特別是他近年大力提倡的「少即是多」。他認為，在釀酒上要得到更多，釀酒師必須要做少一點，因為自然已經給予我們釀造偉大葡萄酒的所有原料，我們要做的只是竭盡所能地依循過去累積的經驗，避免做出會讓葡萄與它自然生命分離的事。也唯有如此，風土特性才能真正在葡萄酒中展現。

這也意味著要成功地少做一些，其實反而要懂得更多，才能順利讓葡萄自然而然地成就其最迷人之處。他的顧問角色似乎變成告訴顧客：哪些事不要做，可以讓酒變得更好。

Alberto Antonini——「少即是多」釀酒哲學的提倡者。

阿爾貝托除了擔任釀酒顧問，自己也經營一家位在奇揚替（Chianti）的自有酒莊Poggiotondo。釀酒顧問的自有酒莊常常也兼具示範的意義，例如Michel Rolland的Château Fontenil，或Stéphane Derenoncourt的Domine de L'A。遵循奇揚替的傳統，阿爾貝托在Poggiotondo主要釀造以山吉歐維榭（Sangiovese）為主的混調式紅酒。其中最特別、也最珍貴的，是一款於一九二八年種植的單一園紅酒Vigna del 1928。從這款酒，阿爾貝托示範了釀酒師如何讓「少即是多」成真。

此酒來自一片不到一公頃的古園，跟大部分的百年老樹園一樣，都是隨機混種奇揚替的傳統品種，除了山吉歐維榭也混種著Canaiolo和Colorino等黑葡萄，甚至也有一些白葡萄參雜其間。阿爾貝托並沒有像我認識的一些菁英酒莊，在面對混種古園時，非常費工地或逐一標記品種，或採用GPS定位區分，然後分開採收與釀造，最後再依比例混調。雖然各個品種的成熟期不同，但全園同一天一起採收，去梗後放進五百公升橡木桶裡一起混釀發酵，完成後轉到沒有經過烘烤的橡木桶裡培養二十個月，沒有經過澄清與過濾就直接裝瓶。

雖是經過長年培養的Riserva等級，但喝來卻更加美味多汁；不過，這款酒也是阿爾貝托在Poggiotondo所釀造的所有酒中，最完滿協調，同時最變幻多端的一款。雖然表面上看不到太多釀酒師的影子，只是讓葡萄園自己呈現，但卻更加接近阿爾貝托

「少即是多」的理念演繹——一種回到絕對的簡單，才得以完滿地成就葡萄園風土的釀酒哲學。

因微弱而能成就偉大

夏多內是全世界最知名，且種植範圍最為廣闊的白葡萄品種，但若要探究夏多內的特性——特別是其特有的香氣——其實大多跟釀造法有關，如源自木桶發酵與攪桶泡渣培養所形成的如香草、椰子仁、奶油、烤土司等香氣；或如源自低溫發酵的鳳梨果香以及發酵時缺氮造成的火藥氣味等等，大多並無關本性；也許有時會有榅桲、黃蘋果與西洋梨的香氣，但那可能是產自炎熱產區或葡萄過熟才採收時造成的；至於蜂蜜或榛果香氣則是白酒陳年後便有的成熟香系，並非夏多內所獨有。

然而，沒有太強烈的個性不只完全無損夏多內成為一個非常優秀的白葡萄品種，而且還釀成了許多全球最頂級珍貴的干白酒——如蒙哈榭（Montrachet）、歐瓦里耶－蒙哈榭（Chevalier-Montrachet）等——以及最精緻昂價的香檳氣泡酒——如Salon和Krug Clos du Mesnil。

相較於多香品種——如白蘇維濃的百香果香、維歐尼耶（Viognier）的杏桃、格烏茲塔明娜的荔枝味和蜜思嘉的玫瑰芬芳——沒有明顯易辨識的強烈個性，反而讓夏多內更能承受多樣的釀造技法，也更能表現葡萄園的細微變化。前者使得夏多內得以透過橡木桶內進行發酵的釀法傳播到世界許多產區，成為主流的白酒風味；後者則讓夏多內在布根地的山坡上，像是一面通透澄清的鏡子，清晰地展現每一片葡萄園的風土特性。

chassagne c.
VV
2016

比起周圍的夏布利特級園，Vaudésire總是特別豐滿成熟。（下）

在布根地，來自同一片山坡的夏多內葡萄，若是出自不同釀酒師之手，相隔鄰的葡萄園都能自顯風格。例如在梅索村（Meursault）上下坡相連的兩片一級園——Les Perrières和Charmes，前者位處多石的上坡，常有極為強勁的酸味，酒體高瘦挺拔，是礦石系夏多內的典型代表，但僅隔一條鄉路，在下坡的Charmes，卻是力道渾厚，豐潤飽滿，豪華型的夏多內風味。咫尺天涯的風味轉變正是個性中性的夏多內得以成就偉大風土的最重要原因。

在布根地北方的夏布利產區更是明顯，當地葡萄園中的Kimmerigien泥灰岩，讓釀成的夏多內白酒都反映出獨特的海味礦石香氣。東西相隔鄰的兩片特級園Les Blanchots和Les Clos也同樣有截然不同的風土表現，朝東的Les Blanchots優雅輕巧，隔一鄉路朝西的Les Clos卻馬上轉為宏偉磅礡的格局。因為品種的個性退後了一些，才有更多的空間顯現風土的細微差異。這是帶有奔放香氣的白葡萄品種相當難以達到的境地。

太過於透明也一樣會有缺點，若葡萄園的條件不佳，即使釀酒師用再多的技法掩飾，也常無濟於事，這也許正是葡萄酒世界中平凡與無趣的夏多內會這麼多的最關鍵原因。

刻度，沒關係

Dirk van der Niepoort

看得見的數字常常限制了我們的想像力，例如標印在酒標上的酒精%數，就曾經讓我在極其多元且多樣的葡萄酒世界中，因為數字的執念誤解了許多珍貴的品飲經驗。

大部分的釀酒師都相信完全成熟的葡萄是釀酒的首要祕訣，但我其實更擔心過熟的葡萄可能釀出徒具形體、而缺乏生命力的失魂酒。飆高的酒精度常常是葡萄過熟、累積太多糖分所致。十多年來，品嘗每一款酒時都會特別留意、記錄每瓶酒的酒精度；但是，我慢慢發現，如果沒有將這些數字放進每瓶酒的脈絡連結之中，它們很難提供有意義的參考值。

無加烈就達十七％的紅酒，聽起來也許嚇人，但現在我知道，如果是加州的金芬黛（Zinfendel）很有可能喝起來還能顯得勻稱性感。那如果是一瓶酒精度只有十．五％的南歐干白酒呢？這樣的數字會讓人聯想到的是酒體單薄、不成熟的青草味、簡單清淡、酸瘦脆弱、不耐久等等，但其實，它卻是我一整年喝過最精彩的白酒，由尼伯特（Dirk van Niepoort）釀造，來自葡萄牙巴拉達（Bairrada）產區，二〇一三年的Gonçalves Faria。

雖然位處南歐，葡萄牙中部鄰近大西洋岸的巴拉達卻是相當冷涼，而且潮濕多雨。其實，因葡萄牙洋流經過，整個伊比利半島西北部的大西洋岸，北起西班牙的下

海灣（Rìas Baixas），經綠酒產區（Vinhos Verdes）到巴拉達，都是寒冷到只產酸瘦風葡萄酒的產區，且越近海岸，便越發濕冷，完全跟溫暖多陽的南歐印象搭不上邊。巴拉達主要生產的是氣泡酒，以及以巴加（Baga）葡萄釀成、酸緊多澀的紅酒。但這裡多石灰岩的冷涼環境也很適合釀造白酒，多以畢加（Bical）、阿玲圖（Arinto）、Cercial和瑪麗亞高梅茲（Maria Gomes）等傳統品種釀成高酸低酒精的白酒。

尼伯特是許多自然派釀酒者的精神導師，提倡在地原生與回歸本質，他所釀造的這瓶低酒精白酒是最好的實踐，葡萄來自Quinta de Baixo莊園八十年老樹園產的畢加和瑪麗亞高梅茲兩種在地白葡萄，在八月採收，糖度雖低，但在當地的環境中，卻已成熟，榨汁後歷經十八個月的木槽發酵和培養，無干擾地完成乳酸發酵。

二〇一三距今也算有多年熟成了，但其酒色仍然新鮮閃亮，甚至帶著微微的綠光。成熟的香氣氤氳多變，熟果與蜂蠟氣味中帶有絲絲礦石和海水氣息。喝起來不僅多酸有活力，也有著細緻的質地，輕巧卻精力充沛，看來還有無限的久藏潛力。雖然酒精度只有頗卑微的十·五%，但對我來說，這是一瓶可以改變視野、不再輕易為數字刻度所困的啟蒙酒。

10,5
Vinho Branco
GONÇALVES FARIA
2013
ENGARRAFADO POR
Quinta de Baixo, S.A.
Cantanhede, Portugal
PORTUGAL

淡紅酒的逆襲

Julie Brosslin以黑、白葡萄混釀成的可口蛋紅酒Marée Basse。

雖然今日的波爾多以生產精緻耐久的紅酒聞名，但其實，這是相當晚近的事。遠從十二世紀開始，因為擁有現今法國波爾多所在的亞基坦公爵國（Aquitaine），英國人開始喝來自波爾多的葡萄酒；十四世紀時，每年有多達九千萬公升的波爾多桶裝酒被運往大不列顛群島，這是當時全球最大宗的貿易。

今日的波爾多以產耐久存的紅酒聞名，不過，在十九世紀之前，來自波爾多的酒大多是一種稱為Clairet的淡紅酒，無論是酒的顏色還是口味都相當清淡，酒精度低，如同飲料一般，通常一年內就要被喝掉。至今，英國人還是習慣稱波爾多葡萄紅酒為Claret——這正是Clairet的英文譯名——雖然現在波爾多的酒無論顏色和風味，都已經不再淺淡了。

其實，不僅只是在波爾多，許多歐洲產區也都曾經生產過淡紅酒，或選用皮薄色淡的品種，或黑白葡萄混種混釀，或減少萃取、僅短暫泡皮數日即完成，目的都在於釀造出好喝順口，適合日常飲用的紅酒。當時，太濃縮的酒甚至還要添加水稀釋後才喝。但是，當葡萄酒世界開始注重紅酒的顏色深淺和酒體結構之後，淡紅酒就逐漸消失於主流市場。

但近年來，自然派興起，崇尚直顯葡萄原味於酒杯之中，曾經為時代所淘汰的淡紅酒，又開始以新的面貌重回葡萄酒世界。特別是淡紅酒的鮮美多汁與歡快暢飲特

marée basse

性，對比於許多昂價的頂級酒，濃郁厚實、堅固耐久、在開瓶之後經常面臨一杯都很難喝完的窘境；而淡紅酒超高的可喝性，讓酒迷找回葡萄酒最根本的、生津止渴的飲料功能。

實在太可口易飲了，淡紅酒常因而被認為過於簡單，少有細緻變化與時間深度。但其實，因為沒有萃取過多葡萄皮裡的物質，反能讓酒更加透明，可以品嘗出更多酒中的細節。不過，自然派在波爾多並不特別盛行，也少有酒莊願意復刻釀製這種曾是波爾多傳統的淡紅酒，因此，若想品味淡紅酒，反而要往他處尋找，例如，以釀造許多濃縮色深紅酒聞名全球的南澳，也開始出現不少淡紅酒的傑作。

澳洲自然派名莊Jauma在麥克萊倫谷（McLaren Vale）產區的多款格那希紅酒即是最佳代表，莊主釀酒師James Erskine採用減法式、無添加的釀造法，連培養都相當短暫就直接裝瓶，讓格那希展露了他處少見的迷人美貌，酒色淺淡透明，果香與香料香氣奔放，口感質地滑細，非常鮮美好喝。

特別是麥克萊倫谷北方高海拔Clarendon山區的單一園格那希紅酒Ralph's Vineyard，以二氧化碳泡皮法釀造，整串葡萄不去梗直接進酒槽，釀成的酒色鮮橘透明，質地精巧靈動，有格那希少見的純淨感，若萃取更多，釀成顏色更深的紅酒，只怕會像是在水墨山水的留白處，添上無謂的工筆花鳥，平白浪費了難得的美味傑作。

Jauma以Grenach釀成的，Danby, 2018。（上）
Jauma, Ralph's Vineyard, 2018。（下）

如水般純淨的紅酒

已經有一段時間了，越來越常喝到風味與質地近似白酒的紅酒。這並非抱怨，而是每回喝到，心中總會竊喜：精緻的紅酒總算不用非堅實多澀不可，也可以是輕巧柔和，甚至如白酒般純粹乾淨。

紅酒與白酒在釀造上最大的差異在於多了泡皮的程序，也就是讓葡萄皮浸泡在發酵的葡萄汁中，再用腳或手工進行踩皮，把漂浮在酒槽上的葡萄皮踩下跟葡萄汁充分接觸；或者直接用幫浦淋汁，讓葡萄汁淋在漂浮的皮上。這是釀造紅酒時最常見的萃取方法，都有助於讓葡萄皮中的諸多物質，如紅色素、單寧以及香氣分子更容易泡進酒中。

雖然現在釀酒師常講：葡萄和風土決定一切。但不同的泡皮和萃取法卻也可能深深地影響紅酒的風味。這也使得降低刻意的萃取、讓葡萄自顯本貌是許多風土派釀酒師在釀造紅酒時的主流想法。越來越常聽到酒莊強調釀酒過程僅如泡茶一般，讓葡萄皮浸泡著，沒有攪拌或擾動——除非必要，否則不淋汁也無踩皮——就只是讓葡萄皮中的物質自然且緩慢地釋放、進入紅酒之中。

在眾多的黑葡萄品種中，原產自薄酒來產區的加美最容易呈現這樣的風味——或許是因為其果粒較大一些，且皮薄多汁，但也是因為加美經常採用二氧化碳泡皮法釀造的緣故。這種將整串葡萄完全無去梗、也沒有破皮，直接放進酒槽中釀造的方

JEAN CLAUDE
eaU
FORT

式，葡萄的皮與汁幾無接觸，是最輕微、最少萃取的紅酒釀法。酒精發酵常常在完成泡皮與榨汁釋出糖分之後才會完成。釀成的紅酒顏色淺淡，柔和少澀味，而且常有著奔放的新鮮果香。

自然派釀酒師Jean-Claude Lapalu說：「薄酒來是唯一有紅酒顏色的白酒。」應該就是這個意思，一時之間恍然大悟，同時兼具紅酒與白酒特點的並非粉紅酒，而是薄酒來的淡紅酒，而這也是加美紅酒常可以同時搭配生蠔與牛肉的關鍵原因。因自然派的專精研究，可以在釀造上少干預、少添加的二氧化碳泡法，開始更常在全球各地的酒窖中被用來釀造紅酒，無去梗的整串釀法愈發盛行，如白酒般的迷人紅酒也越來越多見。

在Jean-Claude Lapalu釀造的眾多風格殊異的加美紅酒中，Eau Forte也許最接近此意——以水為名，正是想用加美釀成如水般純粹、清澈、爽口的紅酒。在白酒裡，例如日本的甲州白酒、法國的蜜思卡得（Muscadet），或甚至夏布利的夏多內都頗常能表現這樣的透明酒風。但紅酒卻比較難有如此表現，為此，Jean-Claude Lapalu特意挑選一片產量不會太小的花崗岩砂葡萄園來釀造此酒，低溫二氧化碳泡皮兩週，榨汁後進木桶發酵培養，喝來竟有如清泉流淌而過味蕾的奇妙感覺。

遺珠之樂

不同葡萄園風土之間的評價或有高低，但其實，酒的美味自有價值。但在法國法定產區管理局（INAO）的技術官僚眼中，許多現下因氣候變遷而顯得特別珍貴的布根地葡萄園，卻可能是不符標準的次等園。比方說，方位朝北、日照時數較短的背陽坡；或者，高海拔、較為冷涼的山頂葡萄園，常在過於炎熱的年分釀出最均衡多酸的葡萄酒，但這些園即使酒再好喝都無法晉身一級或特級園。但其實也無所謂，畢竟，無列級，酒商沒有賣更貴的理由，反而便宜了「巷仔內」的布根地酒迷。

我常說，每個布根地的酒迷心中都有屬於自己的特級園，但這些園卻不一定是官方分級中的特級園，更可能不是酒評家眼中最偉大的風土精華。

在布根地最南方，氣候更加炎熱的馬貢區（Mâcon）更是如此。許多過去被認為太過冷涼、不太受注意的葡萄園，卻是今日許多新銳名莊發跡成名的所在。其中最知名的，當屬普依－富塞（Pouilly-Fuissé）產區中海拔最高的維吉松村（Vergisson）。村內產的夏多內白酒有若馬貢區的清流，酒風冷冽，酒體高瘦，相當活潑帶勁道，酒體看似較為飄逸，不以豐厚飽滿為要，但卻蘊含鐵一般的硬朗酸味，在普依－富塞產區中自成一格。

村內的名園都環繞在略帶赭紅、高偉聳立的維吉松巨岩（La Roche de Vergisson）之下，但最知名的，也最能代表維吉松村的夏多內名園Sur La Roche園，卻是位在這個

GRAND VIN DE BOURGOGNE
2013
BRET BROTHERS
POUILLY-FUISSÉ
Appellation Pouilly-Fuissé Contrôlée
CLIMAT « LA ROCHE »
Récolté à la main, Vinifié, Élevé et Mis en bouteille par BRET BROTHERS
71680 Vinzelles - France
13% alc./vol
PRODUIT DE FRANCE - PRODUCT OF FRANCE

海拔四百八十三公尺、由東往西升起的石灰質巨岩上。此園多石少土，雖海拔高一些，但面朝東南，受陽佳，在保留清新酸味的同時，也能有不錯的成熟度；在歷時十餘年方完成的一級園分級中，和村內其他三片葡萄園En France、La Maréchaude和Les Crays一起列級。

Sur La Roche成為一級園雖然實至名歸，但也有一些小遺憾，因為此園從海拔三百三十公尺一路爬升到四百三十公尺，上半部超過四百公尺的部分，被法定產區管理局評斷為海拔太高，葡萄無法正常達到足夠的成熟度。但實際上，這裡卻常能釀成村內最多酸、最有活力的夏多內白酒，甚至是Sur La Roche全園中的精華區。村內葡萄農雖然提出異議和證明，但最終還是維持村莊級，無緣晉升一級園，成為分級的遺珠。

即使在海拔較低，有更多經典名園的富塞村（Fuissé）也有許多遺珠，如略朝北的Les Combettes園，常釀成充滿活力與律動的夏多內白酒，是Château Fuissé這家老牌名莊的多款單一園中，歷年來最偏愛的酒款；同樣也是朝北的Château Rontet是村內最心愛的酒莊，但一樣因為位置較為冷涼，全都被排除在一級園的名單之外。

雖然為葡萄農感到惋惜，但在酒價越來越高不可攀的布根地，這樣的分級盲點，未嘗不是可喜的遺珠之樂啊！

Pouilly-Fuissé產區最高寒的Vergisson村。

瑕疵與美味

多年前，在香港中環的小木屋酒吧（La Cabane）第一次喝到安通（Anton van Klopper）釀的黑皮諾紅酒，這瓶酒讓我開始懷疑自己擔任葡萄酒競賽的評審能力；因此至今，不曾再接受擔任評審的邀請。

安通是澳洲阿得雷德大學釀酒系畢業的高材生，他的酒莊叫Lucy Margaux，因為跟波爾多的村莊級法定產區Margaux同名，後來更名為Lucy M。位在以生產冷涼氣候葡萄酒聞名的阿得雷德丘（Adelaide Hill），酒莊所在的小村Basket Range雖僅有兩百多人，卻是澳洲自然派的大本營。安通搬來之後，包括Ochota Barrel、Jauma、BK Wines和Gentle Folk等南澳自然派名莊都相繼群集到此荒蕪的山野小村。

安通釀的這瓶黑皮諾紅酒，顏色淡如粉紅酒，酒體淺薄，毫無結構可言，甚至有明顯的揮發性酸和些微的酒香酵母菌（Brettanomyces）感染。從專業酒評的角度看，這是一瓶充滿缺點，而且缺乏均衡感的瑕疵酒。如果出現在這回擔任評審的ＩＷＳＣ國際葡萄酒暨烈酒競賽中，不要說是銅牌獎了，連及格的分數都達不到。

但當晚的實況卻是——這瓶黑皮諾紅酒好喝極了，和幾位來自亞洲各地的評審同品，我們甚至連開了兩瓶，一起共度一個美妙的奇幻夜晚。在葡萄酒競賽裡被數以百計的參賽樣品折磨一整天的味蕾，突然被這帶著野性香氣和通電般酸味的酒汁所喚醒。在看似柔和清淡，宛如不帶甜味的黑皮諾果汁中，彷彿藏著生命的律動，讓

2020
12.0 acl/vol
LO/168
107 wyes rd. Basket Range, SA
Wine of Australia
750ml

原本疲累的心意跟著翩然起舞。

也許那正是被遺忘，卻可能比表面的均衡和結構更為關鍵的葡萄酒特質。這一瓶引人哲思，卻又讓人歡享的美味於是成為這趟旅行裡，品嘗的數百款酒中，最懷念，也最難忘的一瓶。

為什麼同樣一瓶酒，卻擁有全然兩極的評價？哪一個才是真的？

受過最專業現代釀酒學訓練的安通，在經歷了許多釀酒經驗之後，卻是選擇了打破釀酒學原則的方法來釀造：他在葡萄還未達到既定的成熟度之前就採收，不使用任何添加物來保護或優化葡萄酒；對他而言，享受葡萄酒的美味才是最真實的關鍵，至於酒體結構、比例均衡等都跟數據分析一樣，全是次要的。而他所釀的酒正是上述問題的最佳解答，但是，與此同時，他也顛覆了現下葡萄酒評斷所建基的價值標準。

如果在葡萄酒競賽裡真的遇見了像Lucy Margaux這樣的酒，該如何評價呢？這個困擾讓我至今沒有勇氣再接受酒評的邀請。可喜的是，也從此逃過了被強灌數百種樣品的恐怖折磨。

Anton van Klopper在貓下去。

喜新・念舊

喜新和念舊雖然看似相對反，但是，卻又常常被綑綁在一起，成為不同時代的創新動力。時尚界每隔幾年就來一次的復古風便是最佳的詮釋，透過喜新和念舊的兩股力量，一起打破現有的規則，從成見和包袱中解放出來，讓創新成為可能。近年來，復古式的創新風潮也同樣在保守的葡萄酒圈中崛起，雖都是舊時傳統，但卻也都為現代的釀酒增添許多新意和風味。

這些創新的傳統古法，如古園式的混種混釀，或白葡萄整串泡皮釀成橘酒，或捨橡木桶採行陶罐培養等等，都曾經是被現代釀酒學所屏棄的骨董級釀造方法。但這些無現代科技加持的舊時古酒在今日卻顯得相當新奇獨特，有些復刻古酒的風味以現在的標準來看，甚至非常美味迷人。例如位在布根地南邊的修士園酒莊（Domaine Vignes du Maynes）為紀念克呂尼修道院（Abbaye de Cluny）一千一百週年慶所釀製的Cuvée 910淡紅酒。

酒名910是本篤會克呂尼修道院創立的年分，也是修士園（Clos des Vignes du Mayne）成為修會產業的一年。此歷史古園位在布根地南方馬貢區（Mâcon）的Cruzille村內，位處朝東邊的山坡上，有石牆圍繞，因自一九五〇年代開始即採有機種植，是布根地少數從來沒有使用化學農藥和肥料的葡萄園。

現任酒莊主朱利安（Julien Guillot）採用修士園的葡萄，依據修院記載十世紀時的釀

Clos des Vignes
MÂCON ROUGE
Appellation Mâcon Contrôlée
Cuvée 910
Récolté le 8 septembre 2018
Dans l'esprit des vendanges médiévales
transportés en char à bœufs de Sagy
Ce vin peu coloré était livré à l'Abbaye
MIS EN BOUTEILLE PAR JULIEN
EURL DES VIGNES DU MAYNES
demeter
12% vol. 750 ml

造方法，釀成當時供應修士飲用的葡萄酒。雖然不確定當時種植的品種為何，但肯定都是混種園。朱利安選用修士園中現有的加美、黑皮諾跟夏多內等兩黑一白傳統原生品種，不管熟度差異，同時採收、一起混釀。先以牛車運到八公里外的酒窖，沒有去梗也無榨汁，僅用人腳在橡木酒槽中踩踏出葡萄汁，由葡萄皮上的原生酵母自然發酵成顏色淺淡的紅酒。除了葡萄，沒有添加任何其他的添加物。

首批的Cuvée 910在二〇一〇年六月上市，僅有八％的酒精度，還帶著一些酒精發酵殘留的氣泡。朱利安說，根據紀錄，當時的修士每人每天有將近三公升的配額，葡萄酒是日常止渴用的飲料，清淡些，爽口易飲才符合教會的需要。雖是千年前的簡易釀法，但鮮美可口卻反而加倍。二〇一〇年復刻首釀原本只是為了紀念一千一百年慶的表演式釀造，但釀成的古法淡紅酒實在太受歡迎了，以致酒莊後來每年都繼續釀造新的年分。

新版本的Cuvée 910在釀造時不再穿著修士的古著，也不再使用牛車拖運葡萄，釀成的酒精度高一些，風味也更精細，不只簡單好喝，也可細細品嘗，心想，千年前克呂尼修院的修士們每天拿著這樣好喝的酒當水喝，也未免太前衛、太幸福了。

Julien Guillot（右）
一千多年歷史的修士園。（左）

二十五年之後

Forjas del Salnés以Espadeiro釀成的紅酒可口多汁。

在葡萄酒業寄生久了，難免要成為許多巨大變遷的見證者；除了代表真的老了，也不再輕易相信有什麼永恆不變的經典，無論是地區傳統或在地風味都一樣要與時俱進。

從一九九四年投入葡萄酒寫作，剛好滿二十五年，較之以千年計的葡萄酒史雖僅如一瞬，卻也見證了不少風潮輪轉與來去。有此感觸，源於今年喝了不少下海灣區（Rias Baixas）的精彩紅酒——大部分西班牙酒迷可能都還不知道，這個瀕臨寒涼大西洋岸、現下以阿爾巴利諾（Albariño）釀成的清麗白酒聞名全球的產區，其實也產紅酒，甚至還曾是一個主產紅酒的地方。

下海灣區不只以白酒聞名，也盛產海鮮，區內的比戈港（Vigo）是全歐最大鮮魚市場，而阿爾巴利諾白酒正是佐配海鮮料理的最佳良伴。但看似地酒配地菜的完美楷模，其實也只不過是歷史巧合而已。

直到一九八〇年代，阿爾巴利諾葡萄才開始在下海灣區流行起來。在此之前，顏色淺、酸味高的紅酒才是當地最主要的葡萄酒類型，不過，主要供應在地的需求，很少銷往下海彎所在的加利西亞自治區以外的市場。十八世紀創立的Zarate酒莊莊主波馬瑞斯（Eulogio Pomares）說，下海灣區雖有豐盛海洋資源，但有很長一段時間，當地人的食物都以陸產為主，海鮮只被當成豬飼料。因為不是人吃的，酒莊的歷史資

Espadeiro
GOLIARDO
TINTOS DE MAR
RIAS BAIXAS
DENOMINACIÓN DE ORIXEN

料中，還找得到有明定給葡萄農的食物不可包含海鮮的工作契約。

很多真相跟我們想像常有大段距離。下海灣區又冷又濕，確實不適合釀造紅酒，但若當地人特別喜愛以酸淡紅酒佐配食物那就另當別論了。事實上，今年喝到幾款來自下海灣的紅酒都有出乎意料的驚喜。跟十七年前、第一次前往下海灣區喝到的，酸瘦難飲的粗獷紅酒印象完全不同，也許受到氣候暖化的影響，葡萄有更高的成熟度，也可能跟市場上不再只偏好酒體濃厚的紅酒有關；總之，現在的下海灣區紅酒常以爽脆多酸、新鮮活潑的新潮面貌讓人大為驚豔。

身為歷史酒莊的經營者，波馬瑞斯也開始將老樹園裡殘存的蓋紐（Caiño）黑葡萄釀成可口多汁的美味紅酒Caiño Tinto。這個原產自葡萄牙北部和西班牙下海灣區交界的黑葡萄是一個相當晚熟的品種，因不太容易熟，常有很高的酸味和較為堅硬的口感，也較多草系與香料系香氣。Zarate酒莊所在的Val do Salnés，是整個下海灣區最為濕冷的分區，如果連這最難讓黑葡萄成熟的地方都能把蓋紐釀得這麼好喝，在更溫暖少雨的其他分區就更沒有黑葡萄不夠成熟的問題了。

下海灣更珍貴的地方在於，還保有相當多樣的黑葡萄品種。除了混種古園中留有許多特有的珍貴品種，波馬瑞斯也復育了艾斯帕德羅（Espadeiro）、紅洛雷羅（Loureiro Tinto）和Pedral等稀有品種，更陸續釀成紅酒。同樣在Val do Salnés分區裡

的Forjas Del Salnes酒莊，莊主Rodrigo Mendez也已釀成一系列的四款紅酒：有可口多汁的艾斯帕德羅、多酸有勁的蓋紐和紅洛雷羅等單一品種紅酒，也有混調多種品種的Baston de la Luna。它們都有靈動的酸味和爽脆的質地，是西班牙紅酒主流的逆向風格，但也最具未來感。

我已經開始想像，也許二十五年之後，黑葡萄會再度占滿下海灣區。

Zarate酒莊的Caiño紅酒。（上）
Eulogio Pomares以六種黑葡萄釀成的Fento Tinto。（下）

澳式夏多內

十多年前就開始喝葡萄酒的資深酒友們，對於澳洲產的夏多內白酒常烙印著至今仍難抹去的濃膩印象，那是一種由甜熟的西洋梨果香混合香草、椰子仁與煙燻等橡木桶香氣，配上非常圓潤有如鮮奶油般油滑的口感質地與仿如香草冰淇淋的餘香所組成的夏多內白酒風格，肥潤多香，卻也顯得笨重，難見精巧。特別是低價的酒款還常會在酒中浸泡橡木粉以假裝過桶培養的高檔風味。

但澳洲早在十多年前就已經不再流行這樣甜熟的風格。十多年前在西澳與維多利亞品嘗到的多數夏多內白酒就已經是均衡多酸的風味，也有許多菁英酒莊致力於釀造酸瘦如夏布利般的礦石系夏多內。在摩寧頓半島（Mornington Peninsula）的Kooyong酒莊聽到當時的釀酒師Sandro Mosele說他想要釀造如夏布利般的礦石系夏多內，確實有些震撼，但之後再去卻幾乎已經成為常態。

近年兩次再訪，沿途品嘗的百餘款夏多內白酒，多數是用更早採收的葡萄釀成，帶有火藥與礦石香氣，而更常見的，是青蘋果系與柑橘系的清新果香。印象中那種甜熟的水果香幾已不復見，取而代之的，是酸味銳利、口感硬實的冷冽酒風。雖然仍有許多人留著牢不可破的印象，但十年間，澳洲的夏多內白酒早就翻轉成另一極端風貌。老酒迷還忘不掉的，其實已成陳年往事。

葡萄酒風的輪轉，有時，比想像還來得快速，除了喜好改變，酒評家審美角度的轉

ESTATE BLEND
ESTATE GROWN AND BOTTLED
KOOYONG
2003
CHARDONNAY
MORNINGTON PENINSULA
WINE OF AUSTRALIA
750ml
ESTATE

彎更會影響釀酒師的決定與市場偏好。例如現今澳洲夏多內常有的、屬於還原系的打火石氣味，就很受酒評與大賽評審的偏愛；但若是煙燻木桶味，就很容易被嫌棄。為此，釀酒師常被迫在技術上做調整，葡萄更早採收，選用烘培度較淺的木桶，而且一定要抑制乳酸發酵。

在正常的環境下，葡萄酒中的乳酸菌會將較粗獷的蘋果酸轉化成較柔和、細緻的乳酸，還會讓新鮮的果香變得較深沉濃膩一些。釀酒師可透過過濾或添加二氧化硫抑止乳酸發酵，讓酒保有較多的酸味和清新乾淨的酒香，但也可能因此破壞了酒中原有的均衡。

在葡萄酒業中，沒有先認清自己、一窩蜂不顧一切地轉變通常都不會是最好的解答，其中，過與不及的拿捏卻是最難。但很慶幸，歷經風潮的來去變換，在澳洲有許多夏多內經典，在減法的應用下成功轉換的範例。例如，在西澳的瑪格麗特河（Margaret River）產區就有Leeuwin Estate酒莊的 Art Series夏多內，幾十年來如中流砥柱般，僅只是微調得更精細，大體仍維持著經典的西洋梨與香草香氣，口感強勁硬實，粗獷中仍保有均衡與細膩；而Vasse Felix的旗艦級Heytesbury則在女釀酒師Virginia Willcock手中，透過更順應自然的手法，蛻變出未曾有過的精緻與靈巧酒風。也許這正是理想的澳式夏多內經典。

馬達加斯加島上的夏多內葡萄。（右）
澳洲夏多內精華區摩寧頓半島。（左）

Part II

經典。Remix

經典超越時間，
也與時俱進。
即使是最經典的葡萄酒產區，
或者，最經典的酒莊與釀酒師，
也經常地在內省中提問，
尋求承繼傳統的靈感，
藉以重新詮釋他們習以為常的偉大風土，
在既有的經典滋味外，
成就出從容面對時代轉換，
讓人耳目一新的跨時經典。

與時俱進的經典

Foradori酒莊以稀有的Nosiola葡萄釀成的陶罐橘酒Fontanasanta。

佛拉多里（Foradori）是一九九四年就已經拜訪過的北義酒莊，當年我還只是未經世面、血氣方剛的葡萄酒學生，對於酒莊捨當年義大利頗盛行的國際品種、充滿自信的採用當地特有的鐵洛蝶勾葡萄（Teroldego）釀造旗艦級酒，自然是相當敬佩。鐵洛蝶勾是北義鐵恩提諾區（Trentino）最知名的原生黑葡萄，主要種植在有險峻高山環繞，以礫石和沙所堆積成的羅塔莉亞諾（Rotaliano）平原，是一個僅有四百公頃的精華區，可釀成色深、有黑櫻桃香氣和活潑酸味的紅酒。這正是佛拉多里酒莊所在的地方。

酒莊這瓶以Granato為名的旗鑑級紅酒來自以傳統高藤架法種植的三片自有老樹園，和當地其他酒莊及釀酒合作社所釀造的鐵洛蝶勾紅酒不太一樣，不只顏色更深紫、有更多木系香氣，酒體結構也更加硬挺厚實，很接近當年學校教的、頂級酒該有的樣貌，也是世人眼中最經典的鐵洛蝶勾紅酒。

即使在歷史上曾經在德奧頗受喜愛，但鐵洛蝶勾畢竟還是小小的羅塔莉亞諾區（Rotaliano）的地方品種，在義大利並不是特別知名，全球加起來也僅有數百公頃的葡萄園；釀成的紅酒雖然顏色深，但酒的風格不是特別雄偉，也很少被認為有耐久的實力。然而，佛拉多里精心釀造的Granato正是一款改變鐵洛蝶勾印象的代表性酒款。最近在自家酒窖深處找出十五年前買的一九九八年分Granato，喝來竟然還是

Dolomiti - Italia
2016
FONTANASANTA
NOSIOLA
VIGNETI DELLE DOLOMITI
INDICAZIONE GEOGRAFICA TIPICA
FORADORI

相當年輕，不僅沒有氧化或老態，還有頗多的果香，酒體還十分結實硬朗，再撐十年應該不是問題。

但一直存著沒有開瓶並非出於偶然，真正的原因在於佛拉多里酒莊除了這樣的經典風味外，早就演進出其他更加精彩迷人、更得我心的鐵洛蝶勾紅酒風格。最根本的改變是接手酒莊的莊主女兒——艾莉莎貝特（Elisabetta Foradori），在二〇〇二年時開始採用讓葡萄和宇宙力量相合的自然動力農法，這個改變開始讓佛拉多里酒莊的葡萄酒不再只是形體完滿，也變得更具有生命力和能量。

義大利東北部是近代以陶罐釀酒的先鋒。十年前，艾莉莎貝特也選擇用陶罐來釀造兩片單一園的鐵洛蝶勾紅酒，讓這個有時稍嫌單調的葡萄增添相當多變多樣的香料系酒香和更婉轉的細節。很多時候，陶罐培養常會因為加速氧化與蒸發濃縮而主宰了葡萄酒的風土特色，但艾莉莎貝特釀造的兩片鐵洛蝶勾單一園Morei和Sgarzon紅酒，前者豐盛飽滿，後者精細巧妙，即使經過八個月的陶罐培養，卻是各自有鮮明的迷人個性。

「經典超越時間，也與時俱進。」回看二十餘年，佛拉多里酒莊這幾款鐵洛蝶勾紅酒正是為這句話做了最理想的演釋。

酒風豐盛飽滿的Teroldego單一園Morei。

生命不可過濾

過濾原是葡萄酒的基本製程，可除去酒中的雜質，讓酒保持通透乾淨，如果濾得細密一些，也可以除去酒中的微生物，如酵母菌、乳酸菌和醋酸菌等等，降低變質風險，避免酒裝瓶上市後發生意外。但在現今的頂級葡萄酒中，無過濾即裝瓶卻越來越盛行。倒不是因為市場時興混濁不穩定的酒，而是大多經過漫長時間培養的高級葡萄酒，透過十幾或數十個月的自然沉澱，到裝瓶時就已經相當乾淨穩定。再經過濾不只是多此一舉，更可能讓酒暫時失去均衡或豐潤感，甚至變得空洞無味，反而得不償失。

過濾雖已不再是必然選項，但在雪莉酒業中仍相當盛行，最早特別標榜「En Rama」的無過濾雪莉酒至今才剛滿二十年的歷史，一直到近年才有稍多的酒商跟進。事實上，在三十多年前，英國元老級的葡萄酒作家休・強生（Hugh Johnson）就已經說過，最好喝的雪莉酒是在酒窖中由釀酒師直接從木桶中取出來的。在木桶中進行生物培養的雪莉酒——如Fino或Manzanilla——都有一層乳白顏色，被稱為酒花（Flor）的飄浮酵母生長在酒的表面，保護雪莉酒免於氧化。釀酒師在做桶邊試飲時，必須採用一種稱為Venencia的特殊取酒器，是由長窄的金屬杯連接一條細長有彈性的長柄所構成，如此便能在不破壞酒花密合度的前提下，從桶中取酒試喝。

沒經過濾，或僅輕微的濾掉懸浮的酒渣和漂浮酵母，就直接裝瓶的「En Rama」，

MANZANILLA
LA GITANA
En Rama
225 AÑOS
BODEGAS HIDALGO LA GITANA 1792
PRODUCE OF SPAIN
MANZANILLA
LA GITANA
En Rama
225 AÑOS
BODEGAS HIDALGO LA GITANA 1792
PRODUCE OF SPAIN

便是最接近這種只有葡萄酒作家和酒窖總管才有特權喝到的美味雪莉酒。是由酒商Barbadillo首度在一九九九年推出。在眾多的雪莉類型中，只有風格最細緻、酒精度最低的Fino和Manzanilla才會特別標榜「En Rama」。Barbadillo就是一家位在Sanlúcar de Barrameda鎮上、以生產Solear聞名的Manzanilla名廠，但現在已經有非常多的酒廠跟進推出。不過En Rama版本的Fino雪莉酒卻是晚至二〇一〇年才由Jerez de la Frontera鎮上的González Byass酒廠裝瓶上市。

一般是在飄浮酵母長得最茂盛的春天時節裝瓶，以保有最鮮美清爽的風味。但延續至今，Barbadillo每年春、夏、秋、冬四季都會裝成四種不同版本的「En Rama」，讓雪莉酒迷體驗各季節的特殊滋味。但不僅是新鮮，En Rama的雪莉酒喝起來雖然輕巧精緻，風味卻又常同時特別強勁，或者說，更具活力與生命力，酒色甚至還會稍微深一點。為了保有這樣的獨特個性，取酒時，釀酒師通常會特別挑選酒花長得比較「茂盛」的木桶來製成「En Rama」，例如González Byass的Tio Pepe「En Rama」每年春天取酒時，會從二萬三千桶Tio Pepe中挑選六十七桶最多酒花的Fino，直接新鮮裝瓶。

一直到幾年之前「En Rama」都被當成是雪莉酒界的新酒，在每年四、五月時裝瓶上市，趁新鮮飲用，有些酒廠甚至還曾經標示三個月的最佳賞味期。由於擔心開瓶後

以飄浮酵母flor培養的Fino雪莉酒。

無法馬上喝完，大部分的「En Rama」都以小瓶裝的三七五毫升裝瓶。但雪莉酒迷們卻慢慢發現，來不及開瓶喝完的「En Rama」，經過幾個月或甚至數年之後，雖然酒中的新鮮野草與花香不再奔放，但卻轉化出更內斂且多變的香氣，有更多的海水與香料氣息，口感也變得豐厚一些，連鹹味感也變多了，成為雪莉酒發展數百年來很少被認識的瓶中熟成風味。例如在春秋兩季裝瓶的Bodegas Hildago、Manzanilla La Gitana、En Rama，裝瓶後常有更長的耐久潛力和更豐富的變化，酒莊也特別採用七五〇毫升標準瓶裝瓶。

過往認為經飄浮酵母培養成的Fino和Manzanilla雪莉酒一離開酒花的保護後都要盡快喝完。但裝瓶時過度的澄清過濾也許才是問題的源頭，在常常已經持續培養上百年的木桶中和微生物和諧共生的雪莉酒，被濾掉桶中維持生態均衡的微生物之後，酒中的生命力自然也無法再延續了。

這是「En Rama」為我們帶來的新發現——生命，是不可過濾的。

二〇一九年春天裝瓶，en Rama版本的Tio Pepe。

TIO PEPE
FINO
RAMA
DÉCIMA EDICIÓN
GONZALEZ BYASS
DESDE

忘記品種的完滿混調

法國東北角落的阿爾薩斯（Alsace）產區，沒有太多爭議地，被認為跟隔鄰的德國一樣，是以生產單一品種為傳統的白酒產區，最知名的幾個品種如麗絲玲、格烏茲塔明娜或是灰皮諾（Pinot Gris）都是世界級的頂尖產區，也全都是阿爾薩斯葡萄農的驕傲。

但戴斯酒莊（Marcel Deiss）卻反其道而行，他們在特級園艾騰貝格（Altenberg de Bergheim）混種十三種不同的品種，從一九九四年開始，包括白、紅和黑等多種顏色的所有葡萄都一起採收，一起榨汁，一起在大型木造酒槽混合發酵，釀成戴斯酒莊所認為的神奇綜合體。戴斯酒莊特異獨行的釀酒理念在當地確實引起頗多爭議，習慣單一品種風味的阿爾薩斯白酒愛好者也常因為失去品種特性的風味座標，很難領會這些混釀酒的珍貴之處。

看似極端的作法，其實是源自農業現代化之前的傳統，透過不同品種的特性和生長季的時間差，得以在氣候寒涼多變化的環境中，每年都能有穩定的產量，也更容易釀出均衡的風味，避過單一品種大起大落的賭局式收成。但除了避險，戴斯酒莊還有更深層的考量，他們認為特別強調品種特性和風味的葡萄酒是現代化農業因應機械化耕作和高產能需求而發展成的阿爾薩斯葡萄酒樣貌，並非彰顯葡萄園風土的最佳選擇。

Marcel Deiss
ALTENBERG
GRAND CRU
2010
BERGHEIM

艾騰貝格是戴斯酒莊所在的貝格漢（Bergheim）村內最知名的歷史名園，屬最高等級的特級園（Grand Cru），位處全面朝南的斜陡向陽坡上，表土淺，以石灰岩和泥灰岩為主，加上相當炎熱多陽，葡萄相當容易成熟，釀成的白酒常有相當龐大且結實的酒體，以麗絲玲與格烏茲塔明娜最為知名。

而戴斯酒莊的艾騰貝格白酒，正是以融合完滿的巨大身影，體現這片向陽石灰岩山坡的雄偉壯闊。雖然從第一次品嘗之後，我自己其實花了十多年的時間才開始慢慢喝懂這瓶酒的迷人之處。每次品嘗阿爾薩斯白酒，總是會先拿出品種特性的標準來看待每一瓶酒，如麗絲玲的礦石或是格烏茲塔明娜的荔枝與玫瑰，少了這些表面的品種香氣似乎就不夠經典，常常忘了作為一個整體，酒的生命力和律動才是承載這些香氣和味道的根基。

傳統不僅會與時俱進，也同時是多樣多元的，只是，大部分的時候，被看見的只有最現時的慣習。戴斯酒莊雖是當地名流酒莊，卻仍是許多阿爾薩斯酒莊同業心中的異端。但至少二十多年來的孤軍努力，復興了消失許久的混種傳統，也讓熱愛阿爾薩斯的酒迷們見識到，當喧嘩的品種表象往後退一步之後，專屬於葡萄園的風土本質反而能清晰透明地直顯在酒杯之中。

正面朝南向陽的特級園Altenberg de Bergheim。

穿西裝的布根地葡萄農

勞倫．朋索（Laurent Ponsot）是一位有許多對反，甚至矛盾元素的布根地釀酒師。二十多年來，在酒窖、葡萄園、台北和布根地的品酒會遇過十多回，勞倫總是穿著裝飾著口袋巾的西裝外套，一副都會雅痞的樣子，看起來完全不像是會勞動身體、雙腳踩在土地上的布根地葡萄農。

在凡事講究傳統價值的布根地，勞倫甚至經常公開表示自己是科技的愛好者，例如他釀造的葡萄酒，在十多年前就全都捨棄天然的軟木塞，改採高端材質製成的塑膠塞封瓶。為了避免仿冒與不當保存，現在瓶口跟酒標上也貼有防偽和可追蹤溫度等各式功能的科技貼紙。二〇一七年離開家族酒莊Domaine Ponsot、自創酒商Laurent Ponsot後，新酒標都設計成以金屬色系搭配螢光綠字體的科技感模樣。

光從外表和性格推敲，會直覺地以為在釀酒上，他會與許多波爾多的菁英城堡酒莊一般，採用許多高科技設備，不計成本，由專業團隊精心雕琢出風格古典、酒體磅礴的雄偉酒風。但其實，剛好完全相反，他的酒採行的是相當低科技的自然派釀法，以極少干預的方式──除了葡萄──完全沒有任何添加物；除了採用葡萄皮上的原生酵母，連最基本防護的二氧化硫也沒有添加。

勞倫．朋索在葡萄酒的培養上更是老式與低調。布根地名莊通常採用高比例的新橡木桶進行培養，特別是最頂級的特級園，幾乎都是採用全新木桶，每年更新，例如

在Gilly-lès-Cîteaux村內，酒莊辦公室裡的Laurent Ponsot。

Domaine Leroy、Domaine de la Romanée-Conti和二〇一五年之前的塔爾莊園（Clos de Tart）等等，即使使用舊桶也全都會在五年內更新。但勞倫即使擁有非常多的特級園，但卻完完全全捨棄新的木桶，而且只用非常老舊、多半是十年以上的老桶來培養。

或許因為在釀造上不刻意造作，只是順應著葡萄園的風土特性，讓葡萄自己發酵完成本真的樣貌。無論是在家族酒莊或是以他的名字創立的酒商，勞倫釀的黑皮諾紅酒都是我心中在布根地夜丘區（Côte de Nuits）最優雅精巧的典範之一，有著飄逸和靈動的自然美貌。雖然表面上看起來，這樣樸實自然的釀酒風格，與經常穿梭全球最繁華的城市，插著口袋巾主持奢華品酒會的勞倫，有著相當微妙的對比，他一點也沒有自然派葡萄農的不修邊幅和激狂熱情。

但這一點也不重要，因為在布根地為數越來越多的自然派酒莊中，勞倫的酒無論品質和風格一直是最穩定的一家。由他釀成的諸多精彩與美味兼具的葡萄酒，例如向來最偏愛的吉優特－香貝丹（Griotte-Chambertin）特級園紅酒，總是那麼的精巧可人，像是一面通透的鏡子，精確反映了這片有著地底泉水流經的奇幻風土，證明了他的行事風格與釀酒理念不只不相違合，甚至可能是成功的方程式。至於外表與內在的矛盾，不過是我們自己刻板印象的幻影。

Laurent Ponsot雖以紅酒著名，但以無添加方式釀成的白酒也一樣精彩。

動力攪拌的波爾多滋味

最經典的Cuvée Emilien。

憑藉著列級排名、高分酒評或者莊主顯赫家世，才能在名莊雲集、有嚴密階級化系統的波爾多建立名聲，但位在波爾多極東北邊陲地帶，自外於波爾多經典的樂譜堡（Château Le Puy），卻是以自成一格的酒風，睥睨全波爾多、成為自然派第一名莊。

將分別釀造好的基酒，依比例混調出最完美的葡萄酒，是波爾多釀造的核心技術，也是眾家名莊要高薪聘請顧問協助調配的主因。但在樂譜堡，各品種的混調直接在葡萄園種植時就完成了。以酒莊最知名常見的艾米利安（Emilien）紅酒為例，就隨機混種了五個品種：以梅洛占絕大多數，摻雜著卡本內蘇維濃以及少量的卡本內弗朗、馬爾貝克（Malbec）和卡門內爾（Carménère）；雖然各品種的成熟期不盡相同，但全都同時進行採收，也沒有分開釀造，直接同槽混在一起泡皮發酵。

從一九三四年開始，樂譜堡在釀酒槽中架設木造的格柵，把發酵中的葡萄皮完全鎖在葡萄汁的液面之下，這樣連淋汁或踩皮等最基本的萃取工法都完全省略了。無調配，且少萃取，對波爾多的釀酒師來說，完全沒有嶄露專業技術的機會，有如自廢武功。但其實，能如此自然放任，是對於自家的葡萄園有極深遠的理解，才能夠建立起的全然信任。

在波爾多近萬的酒莊中，樂譜堡是完全無添加的自然派釀造先鋒，從一九九〇年起

VIN FIN DE BORDEAUX
Château le
Emilien 2016
Originale du
CHÂTEAU LE PUY - JP & P AMOREAU
À SAINT-CIBARD - GIRONDE - FRANCE
Depuis 1610
père en fils, ce vin est issu de cultures
et de vinifications naturelles
Certifié Ecocert FR-BIO-01
Produit de France
EN BOUTEILLE AU CHÂTEAU
FRANCS CÔTES DE BORDEAUX
APPELLATION CÔTES DE BORDEAUX CONTRÔLÉE
contient des sulfites

就不再添加二氧化硫保護，但釀成的酒不僅美味自然，而且充滿生命力，一點也不脆弱，甚至非常耐久。之所以能達到如此境界，也許跟酒莊採行的農法有關聯——因為樂譜堡也是波爾多最早採用自然動力農法（Biodynamie）的酒莊之一。

他們相信宇宙星體對所有生物都具影響力，植物更是依據宇宙力場來生長。在萌芽階段，種子內會產生混沌狀態，對於宇宙力量的接受度最高，而在發芽當下的宇宙力量就會在未來的植株裡留下印記。這也是自然動力法葡萄農在噴灑各式製劑時，要先選擇特定的時間進行動力攪拌，製造混沌狀態以吸納宇宙力量、強化製劑的原理所在。

樂譜堡最特別也最神祕的地方在於莊主Jean-Pierre Amoreau把動力攪拌也應用在酒的培養上。依據葡萄酒特性，選擇特定時間進行攪桶，讓葡萄酒進入混沌狀態以吸納宇宙力量。例如當月亮進入火象星座——如射手——時進行攪拌，可將該星座的影響帶進酒中，由於火象對應於水果，如此便可能讓酒更加外放，有更豐沛的奔放果香。

我無法確認酒體通常中等偏淡的樂譜堡可以充滿著生命力，是否和動力攪拌有關，但至少，我知道即使完全沒有添加抗氧抑菌的二氧化硫保護，樂譜堡也和所有最頂級的波爾多珍釀一樣，有著數十年的驚人耐久潛力。

裝設有攪拌機的木造培養酒槽。（右）
小型木桶培養酒窖。（左）

不一樣的白蘇維濃

香氣奔放、清爽多酸、風格直接而明顯、少有橡木桶香氣，以上種種使得白蘇維濃成為唯一可以和夏多內比拚最受歡迎頭銜的白葡萄。但淺顯易懂的流行風味卻也有過於簡單直接的風險，太常見的青草以及百香果和芭樂果香也容易顯得千篇一律、變化不多，以及不太耐飲。不過，位處寒涼法國中部的松塞爾（Sancerre），卻能以通電般的靈巧酸味和更高雅內斂的白花與礦石系香氣，成為許多酒迷心中最經典的白蘇維濃白酒產地。

但身處松塞爾產區的力弗酒莊（Sébastien Riffault），卻捨此既有經典，用感染貴腐菌的葡萄釀出具有世上最狂野驚奇風味的白蘇維濃。即便是剛上市的年分，酒色深如金黃，甚至琥珀色，其濃郁奔放的香氣，卻是熟果與香料系的深沉氣息，甚至雜揉有蜂蜜與杏桃乾般的甜香；酒體豐潤深厚，掩蓋了靈巧的酸味，卻釀出了白蘇維濃未曾得見的壯闊與雄偉。身為松塞爾的熱愛酒迷，我其實花了將近十年的時間才開始理解力弗酒莊如此詭奇酒風背後的深意。

力弗酒莊主塞巴斯提安雖然是法國自然派先鋒，但風格卻相異於其他自然流派的樣貌，因為他想復興的是一種已然消失的舊時傳統——用晚採收與部分感染貴腐黴菌的葡萄，增加酒中的狂放香氣和豐盛質地。在現今極為知名的偉大產地，如布根地白酒之王蒙哈榭（Montrachet）或者育有全球最精彩白梢楠（Chenin Blanc）葡萄的

經過泡皮釀成橘酒的Auksinis。
Sébastien Riffault示範Skeveldra園的打火石。（右下）

干白酒產區莎弗尼耶（Savennières）。在十九世紀，或甚至二十世紀初，也都曾經以晚採且帶些貴腐葡萄所釀成的濃厚風格，建立了產區跨世紀的名聲。只是這種以貴腐葡萄釀出巴洛克式豪華酒風的潮流已然不再，完全讓位給純淨勻稱的現代白酒。

但力弗酒莊最特別之處在於，即使採用如此極端晚採且多貴腐菌感染的葡萄，但產出的白酒卻依舊保有極佳的均衡感，採用自然動力農法耕作也許是關鍵，即使酸味少一些，葡萄卻仍能將生命力，延續到釀成的酒中，保留著自然的律動。葡萄樹還沒有放棄這些感染貴腐黴菌的果實，放棄了，就會被灰黴菌所毀壞。也許因為同樣的原因，每一片葡萄園的風土特色一樣能透過貴腐葡萄釀成的酒展現出來。

松塞爾的白蘇維濃白酒，主要分成種植於打火石以及石灰岩兩個頗為相異的經典白酒風格。力弗酒莊有多款單一園的白蘇維濃白酒，其中我最偏愛的是Skeveldra和Akmèniné兩款，前者來自打火石葡萄園，後者則種植於石灰岩層之上，正是松塞爾兩大經典酒風的完美呈現。

Akmèniné產自松塞爾村北的一片三十五年老樹白蘇維濃，葡萄園位處多白色石灰岩塊的朝南山坡上，採收時有三成的葡萄感染貴腐黴菌，釀造完成後經過兩年的木槽培養才裝瓶，雖然貴腐葡萄的比例較低，但卻有渾厚飽滿的酒體。相比之下，四十年老樹，用多達五成貴腐葡萄釀成，經二十四個月木桶培養的Skeveldra，卻有典型的打火石特性，酒體特別高瘦，顯得活力充沛。

雖然看似風格粗獷——葡萄過熟，酒高度氧化——但力弗酒莊的酒都有種與土地相連的風貌。也許大部分的松塞爾酒迷還不太能理解這樣的白蘇維濃風格，但我在拜訪力弗酒莊時，心中其實相當感謝塞巴斯提安：無懸念的自承風險，願意用已然消失的舊時傳統，為今日的葡萄酒世界復刻一種曾經相當珍貴的豐盛滋味，讓我們得以見識到——常顯得太直白的白蘇維濃白酒，也能有此充滿詭奇與野性的迷人面貌。

麵粉皮諾的命也是命

這是一個真實的，關於葡萄品種歧視的故事。

麵粉皮諾（Pinot Meunier）是法國香檳區非常重要，但卻頗為苦命的葡萄，是高貴的黑皮諾葡萄基因變異產生的變種，因葉子的背面長有麵粉狀的白毛，便有此不太高檔的名字。相較於黑皮諾，麵粉皮諾發芽時間較晚，常可避過早春的霜害，但生長速度快，卻又能更早成熟，特別適合種植在最寒冷的葡萄園。

在香檳區，有超過三分之一的葡萄園種植這個早熟、多產又抗霜害的優秀品種。因為適應環境能力強，常被種在太冷、太潮濕、難開根的次等地塊，例如朝北的山坡或近河岸邊的黏土地；然後把受陽跟排水條件最好的山坡中段，讓給了嬌貴脆弱的黑皮諾和常遭春霜危害的夏多內。

雖說能者多勞，但麵粉皮諾即使扛了其他品種扛不了的艱難任務，在香檳葡萄農的眼中卻彷如一個讓他們感到羞恥的劣質品種。香檳的三百多個酒村中，只有十七個村莊因為條件優異，列為最高等級的特級園（Grand Cru），但如果在酒裡混入麵粉皮諾，就會馬上失去特級園的資格。葡萄酒的教科書上總是說麵粉皮諾產量較大，酸味較低，比較不耐久放，也說它果香太多不夠高雅，但其實更關鍵的原因是，它很少有機會種在香檳區最好的地塊上。

Les Béguines園中的化石。（右上）
Jérôme Prévost（右下）

最頂級的香檳很少會採用麵粉皮諾，因此榮耀全歸夏多內跟黑皮諾；即使有，也僅是微小比例，大部分的時候只用來調配便宜的無年分香檳。一直到小農香檳廠的興起，才開始給麵粉皮諾多一些表現的機會，例如現今麵粉皮諾香檳的神人級釀酒師杰羅姆・培沃（Jérôme Prévost）。

由他所創立的微型酒莊La Closerie位在鮮為人知的Gueux村內，每年產的一萬多瓶香檳全部來自他繼承自祖母的二・二公頃葡萄園Les Béguines。早年他把葡萄全部賣給酒商，直到一九九八年才開始試著自己釀成香檳。因為此園全都種植麵粉皮諾，而且主要是低平的沙地，混著一些黏土和石灰岩，沒有黑皮諾和夏多內，更沒有香檳區最獨特精華的白堊土，完全集香檳魯蛇於一身。但也許正是如此，讓杰羅姆別無選擇的只能專注於麵粉皮諾的釀製。

不同於香檳區多產、不熟、多酸、乾淨的成功配方，杰羅姆反其道而行，採用有機種植的葡萄園，不僅產量低，也刻意晚採收，榨汁後在橡木桶中以原生酵母發酵，培養時沒有添桶，任其氧化且長出白色漂浮酵母。經瓶中二次發酵釀出非常豐盛飽滿的大號酒體，散發香檳頗為少見的水蜜桃與杏桃香氣，甚至無須陳年太久就有迷人的烤土司香氣；看似會過度濃縮外放的酒風，卻又神奇地精緻均衡，相當好喝。雖已歷時二十年，相較經典老派的香檳風格，La Closerie的酒風仍顯離經叛道，但這卻是一個專屬麵粉皮諾的香檳新經典，更是黑皮諾和夏多內永遠無法釀成的格局和美味。

經典波雅克的非典祕方

Jean-Michel Comme（下左）

梅多克（Médoc）是波爾多最知名、經典，但也最保守、最講究階級和體例的產地。確實，這裡曾是現代釀酒學建立起來的第一座堅固堡壘，也曾是全球葡萄酒業競相模仿的經典原形。聲名顯赫的列級名莊主若非傳統世家，便是跨國財團或金融保險公司。慣常交由專業分工的團隊管理與釀造，投資效益當前，看得見的硬體投資從不手軟，但理念的改換在層層考量評估過程中，早就會被消磨殆盡。

二十年來，真能改換梅多克秩序的，大概只有波雅克（Pauillac）村內的龐德卡內堡（Château Pontet-Canet）一家。其倚靠的，是在理性聰慧之外，靈敏且感性的酒莊總管貢姆（Jean-Michel Comme）。這個職位通常由企管或釀酒專業的人擔任，但他的專長卻是葡萄種植。在我拜訪過的一百多家梅多克城堡中，很少有人像他對葡萄園投注如此深的關注與熱情，採行如此多種無人嘗試過的獨創方法。

二〇〇四年他說服了莊主Tesseron，讓他小規模採用自然動力農法（Biodynamie）耕作，這個建立在人智學（Anthroposophy）理念上的耕作法，無法完全透過科學和理性得到實證和解釋——而這兩者正是波爾多釀酒學最核心的價值。雖然此農法在其他產區——如布根地的頂級酒莊圈——已頗盛行，但當時在波爾多幾乎沒有任何列級酒莊採行。貢姆除了用自家在波爾多邊緣產區Sainte Foy的小酒莊Château du Champ des Treilles施行自然動力法的經驗，據說也動用了在布根地採行自然動力法有成的

CHÂTEAU
ONTET-CANET
2010
PAUILLAC

CHATE
PONTET-C

Lalou Bize-Leroy一齊勸說，方得此難得的機會。

在梅多克分級中只名列五級的龐德卡內堡，卻意外地在這個頗為慘澹的二〇〇四年分中，釀出超越村內絕大多數明星酒莊的傑出佳作。畢竟波雅克是梅多克最眾星雲集之地，第一次偶然的成功，促成酒莊勇敢決定將八〇公頃的葡萄園全部採行自然動力法。這個當時看似唐突且冒險的決定，不僅讓龐德卡內堡在之後的十多年間釀成更精彩的波雅克紅酒，其帶來的投資效益更是驚人，不只酒價翻倍，產量和品質也一併提升；名莊為了維持品質，常要疏果或大量降級為二軍酒，但葡萄園自有均衡的龐德卡內堡卻是九成以上都釀成一軍。

但成功的，其實不是農法本身，十六年後的今日*，梅多克有數十家酒莊採行過自然動力農法，但成功者寥寥可數。關鍵還是在人，必須有能力跳出波爾多注重文憑和數據的慣習，把人跟土地的關係看成葡萄酒的核心，其他的，無論是馬耕、蛋槽發酵、陶罐培養等創舉，都只是貢姆用波爾多的科學和理性，將這個難解的農法轉化成龐德卡內堡內在的基因而已。而這正是酒莊雄偉卻又精緻、華麗中透著高雅的波雅克紅酒真正的祕方所在。

*二〇二〇年中貢姆辭去龐德卡內堡的工作，返家經營自己的酒莊。

CHÂTEAU
PONTET-CA
PAUILLAC
2013

多利士再進化

半個世紀前，在Gault-Millau雜誌所舉辦、被稱為葡萄酒奧林匹克（Wine Olympics）的盲飲比賽中，西班牙的多利士（Torres）酒莊以年輕葡萄樹釀成、價格平實低廉、一九七〇年分的波爾多混調紅酒Gran Coronas，超越多家波爾多最頂級昂貴的城堡酒莊，開啟了多利士，甚至西班牙在國際酒壇的知名度，五十年來都還一直是全西班牙最知名的葡萄酒品牌。西班牙酒業，在歷經一九九〇年代興起的革新運動之後，有相當多款酒的身價已經和波爾多頂級酒並駕齊驅，甚至超越。但幾乎都是以在地原生品種釀成的獨特酒款；至於西班牙帶國際風的波爾多混調，即使釀得再好，也只能以價廉物美的小波爾擠出一些賣點。

這正是多利士在過去近二十多年來的尷尬處境。除了波爾多混調，多利士的頂級酒大多是夏多內、白蘇維濃、黑皮諾和希哈等國際品種，同集團在智利、加州甚至另一家在西班牙的酒廠Jean Leon都是類似的格局。事實上，二十多年來我最喜愛的多利士一直是以帕雷亞達（Parellada）葡萄所釀成的Viña Sol，是一款極其清爽新鮮的美味平民白酒。此外，以西班牙地中海品種，以及瀕危的加泰隆尼亞品種所釀造的Grans Muralles紅酒，是多利士最引以為傲的在地傳統酒，不過風格卻一直是厚實堅硬的嚴肅風格，不是特別的親切迷人，並沒有成為引領風潮的西班牙經典。

確實，現在多利士在全國多個最知名的傳統產區，如利奧哈（Rioja）、Ribera del

Mas de la Rosa
VINYES VELLES
Porrera
2016
PRIORAT
Denominació d'Origen Qualificada
FAMILIA
TORRES
Desde 1870
PRODUCT OF SPAIN

Duero和普里奧拉（Priorat）都建立酒莊，並進行在地風格的釀酒計畫，十多年來所釀成的酒款確實也都頗具水準，但卻少有超凡脫俗的獨特個性；直到二〇一九年上市的羅莎之家（Mas de la Rosa），一款二〇一六年首釀的普里奧拉單一園紅酒，在這個過去二十多年來都在西班牙酒業浪尖上的產區裡，建立了特屬於多利士的里程碑。

羅莎之家是位在普里奧拉產區的波雷拉村（Porrera）內相當偏遠的高海拔山區，斜陡的頁岩山坡以色深多酸的佳麗濃（Cariñena）為主，混種一些風格優雅的格那希葡萄。這片一九三九年種植的八十年老樹園，因莊園內曾住有一位叫羅莎的女子而得名；全園共約四公頃，由多利士和Vall Llach兩家酒莊分佔各半。

不同於普里奧拉產區特有的雄偉酒體與嚴密硬實的結構，多利士的羅莎之家紅酒即使有頗高的酒精度，卻是出乎意料的輕巧纖細，肌理質地精緻明晰，這是只有相當低產的老樹，才得以釀成的口感——充滿礦石感，卻不會過度濃縮粗獷的完美均衡。這確實不是我所熟識的多利士風格，和二十五年來品嘗過上百款的多利士各色葡萄酒都不一樣，和多利士生產的其他兩款混調多園、相當濃縮多料的普里奧拉紅酒更是不同。

其特別之處在於向來喜愛控制規劃的多利士風格，在釀造這款酒時，採用了更順其

自然，甚至帶一點禪意的極簡釀法：兩個品種一起採收混釀，沒有刻意萃取或精確調配，保留這片珍稀葡萄園的原本樣貌；質地節理外露，直顯生命刻痕，自然能更加迷人耐飲了。

放棄酒莊的經典風格，願意信任一片葡萄園，任其彰顯自我。就這樣，誕生了一個全新世代的多利士經典，也為這家百年老廠指引了再度引領風潮的新方向。

布根地邊境的香檳滋味

身處如樹梢末端的邊境地帶，因遠離中心，最常被忽略，甚至被認定是落後，沒有可能性的地方。但在時代變動的過程中，卻往往又突轉成最有利的位置，有更多向外張開手臂的空間。特別是遠離中心的邊緣，在游離往返帶著距離的各個中心之間，自然而然地生出多重的視野。這樣的去中心化的邊緣位置，卻也更有機會成為多元匯集的所在。我在香檳最偏遠的巴爾丘（Côte des Bar）看到這樣一個完美的邊境產地，從經典的香檳風味框架中掙脫出來，形成一個全新的、充滿活力、特屬於巴爾丘的香檳新興風潮。

巴爾丘是香檳最南邊的副產區，有八千公頃的葡萄園位在塞納河上游支流的許多小谷地間，距離香檳的主流中心，如白丘（Côte des Blancs）或漢斯山區（Montagne de Reims）都至少有一百公里之遙，但離最近的布根地葡萄園卻僅十公里之遠。二十多年前拜訪香檳產區時，酒商們常會特別強調沒有使用南方的葡萄，以此明示對於品質的堅持。當時幾乎沒有人相信，除了平價易飲外，在巴爾丘釀出的香檳還有什麼可取之處，更別提期待能釀出什麼偉大的香檳。巴爾丘區有六十四個酒村，生產五分之一的香檳，但在香檳區的分級上，不僅無一入選一級或特級村莊，而且還頗羞辱地全數被評為最低分墊底。

但身處香檳邊境卻又鄰近布根地的獨特位置，卻給了巴爾丘區新的可能。更溫暖的

COTE DE BÉCHALIN
750 ml

南方氣候，侏儸紀晚期Kimmerigien泥灰質土壤，取代北方冷峻多礦石感的白堊土，讓葡萄更成熟，有更雄偉飽滿的酒體。種植高比例（八十四%）的黑皮諾葡萄，釀造成酒體豐潤，多果香的黑中白香檳。

但不僅自然環境，這裡新一代的釀酒菁英們，也不太跟從香檳區以酒商為中心的產業邏輯，卻更貼近布根地以葡萄農酒莊為核心的理念和價值觀。在二〇〇〇年才創立酒莊的Cedric Bouchard正是其中最明顯的代表，他的珍之玫瑰酒莊（Roses de Jeanne）已是今日巴爾丘內最傳奇的葡萄農香檳廠。

他所釀造的香檳都是單一葡萄園，單一年分、單一品種，連每公頃葡萄園的產量都是超低水準，不到一般香檳葡萄農的三分之一。極低產量，造就極高成熟度的葡萄，也無須多加糖，以原生酵母釀成的香檳就特別厚實飽滿，更像是帶有泡泡、多質地的布根地白酒。和相當仰賴混調、犧牲葡萄園特性，以達到完滿和諧的香檳酒業思維有完全相反的釀酒原則。

離經典風味太遙遠了，我花了多年時間才慢慢理解Cedric Bouchard香檳風格的時代意義。那是捨棄完美來成就葡萄園的特質、在香檳中嵌入布根地精神的真實體現，更是唯有身處邊境，才得以創造出在經典之外、翻轉香檳的全新風味。

Roses de Jeanne
Côte de Bechalin

遺落遠方的經典

Ribera Sacra的精華區Amandi。（上）

Jura產區裡以Trousseau聞名的酒村Montigny-lès-Arsures。（下）

DNA鑑定讓許多葡萄品種的身世瞬間解密，但真相大白之後，有些讓人恍然大悟——如發現卡本內蘇維濃是卡本內弗朗與白蘇維濃的後代，其實早在命名時就已直白地洩漏天機；但也有些是完全意料之外，有不少分散各地，原本不相干、風格迥異的葡萄，竟然是完全相同的品種，讓一些品種的經典風格必須重新改寫過。

讓我最有感的例子是原產自侏儸（Jura）的黑葡萄圖梭（Trousseau）。因曾相當著迷於遺世孤立的侏儸產區，對這個僅存一百多公頃的稀有品種自以為相當熟悉，品嘗過不下百款。它算是當地黑葡萄品種中，酒體最堅實、顏色最深的葡萄。但萬萬沒想到，我原以為是原產自西班牙西北部，風格輕巧精緻、顏色淺淡的Merenzao，其實也是圖梭，在數百年前就已從侏儸區流傳到伊比利半島，並非當地原生種。

兩地雖相隔一千多公里，但大部分Merenzao的產地就位在前往聖地牙哥朝聖的路途上，有來自歐洲北方遙遠教區的品種當可理解。但不可解的，或者說最令人驚奇的，是遠離故鄉的圖梭卻在這邊釀成了質地極其精巧、散發純淨櫻桃果香的迷人紅酒，特別是在冷涼潮濕一些的薩克拉河岸（Ribera Sacra）產區裡，雖非主流品種，單獨釀造的版本也不多，但其美味又細緻的程度卻遠遠超過原生故鄉的表現。

薩克拉河岸是西班牙西北部加利西亞自治區內的菁英產區，因較多大西洋影響的冷涼環境和獨特的板岩地形，以出產西班牙較少見的精緻型紅酒聞名。主要種植

de CHANOUX
ROUTE
du TROUSSEAU

Stéphane Tissot在陶罐中發酵培養的Trousseau紅酒。

的是門西亞（Mencía）葡萄，但也種植了不少多樣且奇特的品種——黑葡萄除了圖梭外，還有Brancellao、蘇邵（Sousón）、紅蓋紐（Caiño Tinto）和紅汁格那希（Garnacha tintorera）等等，這些品種傳統常跟門西亞混種，一起採收混釀，甚至摻雜種著一些白葡萄，如格德悠（Godello）、洛雷拉（Loureira）、特雷薩杜拉（Treixadura）和白夫人（Dona Branca）等等，是最自然天成的調配。晚近單一品種單獨種植後，才有機會讓我們發現Merenzao的美好。

但令人驚呼：「竟然是圖梭！」的不僅只是這兩例，葡萄牙波特酒產區的巴斯塔多（Bastardo），以及距離侏儸三千多公里遠、加那利群島上的Tintilla葡萄也都被發現一樣是圖梭。當年在拜訪加那利最大島Tenerife時所喝到的Tintilla，不僅風格粗獷，也有頗多草系與石墨香氣，但卻少了可口的果香。天差地遠的差異，或因風土影響，或因在地化過程的變異，在驚訝之餘，難免要問究竟何種才是圖梭的本貌呢？

就歷史緣起，侏儸區的圖梭也許是最為常見與典型，但薩克拉河岸的風土條件卻讓圖梭釀成最精緻動人的風貌；私心期盼這樣迷人的、遺落遠方的意外風味，能成為圖梭最具潛力、也最能擄獲人心的新經典。

TROUSSEAU
AMPHORE
2013
Bénédicte &
Stéphane Tissot

多汁的西西里櫻桃紅

混調七十% Frappato的SP68。

西西里與其說是地中海的最大島，不如說是一個歷史悠遠的微型葡萄酒大陸，存有廣闊的葡萄園，卻各自有著意想不到的多變環境，孕育多樣的特有原生葡萄；現代化的緩步到達，卻意外保存了珍貴的基因資產，在二十一世紀開始成為南義最閃耀的葡萄酒產地。最早成名、種植最廣的是黑達沃拉（Nero d'Avola），顏色黑紫，酒體雄偉壯健，很容易就能釀成南方濃縮型紅酒的樣貌，在二十世紀末成為國際市場上快速走紅的義大利品種。

二十一世紀初，顏色淺淡、質地精巧的黑皮諾意外崛起，帶來新的紅酒審美觀。但也是此時，埃特納（Etna）火山上，以黑馬斯卡雷榭（Nerello Mascalese）釀成的紅酒，卻如橫空出世般地，為西西里搶下了義大利最優雅而精巧的紅酒位置。這對乾熱的地中海島嶼確實算得上驚奇，但對千面的西西里卻不見得——因為即使不是高海拔，例如僅兩、三百公尺的維多利亞（Vittoria）產區，也常能釀成風味纖細巧妙的美味紅酒；關鍵就在於在地的原生品種，以及願意用順應相合的態度傾聽自然的心。

維多利亞最知名的是一種稱為「Cerasuolo di Vittoria」的櫻桃色紅酒，雖然釀造時需要採用一半以上的黑達沃拉，但同時卻也要有三十%以上的法拉帕多（Frappato）葡萄一起釀造。這個原產自義大利西西里島的黑葡萄，主要種植於南邊的Ragusa省

OCCHIPINTI
SP68
ROSSO
TERRE SICILIANE
INDICAZIONE GEOGRAFICA TIPICA
2 0 1 8
750 ml e
12,5 % vol.

內，是一個頗能適應乾熱氣候的晚熟品種，皮薄色淺，釀成的紅酒顏色較淡，但經常有濃郁的紅漿果香氣，也有優雅花系香氣，口感爽朗且柔和平順。

不同於黑達沃拉充滿存在感的色深與剛強，顏色淺淡的法拉帕多卻是以新鮮奔放的果香，配上溫柔軟調的無害酒體，鮮美多汁總是讓人想大口暢飲。其和黑達沃拉是彼此互補的完美搭檔，只是它雖看似配角，但卻常成為主導的靈魂，牽引著黑達沃拉成為生津止渴的誘人飲料。

讓葡萄酒世界見識到法拉帕多魔法般力量的，並非經常穿梭島上名莊大廠的明星釀酒顧問，而是出生當地的女釀酒師阿里安娜（Arianna Occhipinti）所釀造的單一品種紅酒——Il Frappato。她選擇用自然派的簡易釀法，保留了法拉帕多原始直接的草根性，但也因為不刻意造作，卻釀出了在其他酒中很少見到，純真脫俗，帶著輕盈的性感味道。

雖然許多支持者認為阿里安娜最精彩完美的酒是兩個品種各半混調成的珍稀單一園Grotte Alte，甚至也有人偏愛法拉帕多占七十%的入門款紅酒SP68。但它們都無法取代Il Frappato為西西里式的優雅做了最鮮美多汁的全新演釋。

OCCHIPINTI
IL FRAPPATO
TERRE SICILIANE
INDICAZIONE GEOGRAFICA TIPICA
2 0 1 8
750 ml e
12,5 % vol.

Part III

髮夾。彎

看似恆常不變的傳統或釀酒真理，
在過往的二十年間卻常如髮夾彎般急遽逆轉，
在創新與復古的潮流來往之間，
逐漸發現與時俱進可能更接近傳統與真理的本貌。
時代的轉換不斷地為葡萄酒業注入新的發酵因子，
讓新一世代的葡萄農，或傳承，或反動，
醞釀成許許多多未曾有過的美妙滋味，
匯集成今日更繁華多樣的葡萄酒世界。

西班牙的垃圾變黃金

在過去的三十年間，西班牙彷彿是歐洲舊世界裡的新世界葡萄酒產國，在很短的時間內，脫胎換骨成為歐洲最有活力的地方，但這場革新運動卻是建基在西班牙長年遲滯落後的酒業，保存了許多在其他先進產國——例如法國——在現代化的標準下，已經被消失的地方古種和無法機械化耕作的老樹園。這些理應被消失的垃圾，卻意外地成為今日西班牙酒業的救星和自信與榮耀的所在。

一九九四年第一次到西班牙參訪葡萄酒業，一個月的行程從北邊的那瓦拉（Navarra）經利奧哈（Rioja）、加泰隆尼亞（Cataluña）到雪莉酒產區。當年的西班牙酒業在剛成立的歐盟經濟助力下，全面加速現代化的腳步。同行的十多位同學中有兩位剛考到法國國家釀酒師文憑，在他們的眼中，西班牙酒業如中世紀般落後，需要法國的技術援助。

當時的利奧哈，在國家政策補助下，正大規模地拔除非常適應乾熱環境、採粗放式種植且無須灌溉的格那希老樹葡萄園，取而代之的，是被認為品質更優秀的田帕尼優（Tempranillo）葡萄；因應地中海氣候，像一棵矮樹般生長的傳統en vaso引枝法被更適合機械化耕作的樹籬法取代，同時還加裝了人工灌溉系統，以避免水分過度蒸發的問題。葡萄園現代化的改造工程，在擁有歐盟助力的西班牙火力全開般地全面啟動。在西班牙生產最多Cava氣泡酒的加泰隆尼亞，法國香檳龍頭 Moët & Chandon

2013
CASTRO CANDAZ
A BOCA DO DEMO
2013
RAÚL PÉREZ - RODRIGO MÉNDEZ
RIBEIRA SACRA
DENOMINACIÓN DE ORIXE

創立了Domaine Chandon，當時喝到的最頂級Cava，都是用跟香檳區一樣的黑皮諾和夏多內所釀成。西班牙最知名的酒莊Torres也在附近，拜訪時品嘗的，是垂直年分的Grand Corona和旗艦酒Mas La Plana，全都是卡本內蘇維濃釀成的波爾多調配型紅酒。

但不過十多年間，西班牙的葡萄酒業就已經如脫胎換骨般歷經一場全新的復興運動。因著二〇〇六年開始的西班牙葡萄酒寫作計畫，三年間，我走訪了全國三十多個產區，拜訪了兩百多家酒莊，恰好見證了這場至今仍未停歇的轉變。傳統的在地品種開始被珍惜與重視，也開始取代外來的國際名種，成為西班牙酒業復興的救星。許多原本沒沒無聞的產區，因為特有的品種，突然被推到風潮浪尖之上。最早從種植格那希跟佳麗濃（Cariñena）葡萄的Priorat開始，在一群新世代的釀酒師手中，這些曾經被當作拖累葡萄酒水平的葡萄，用新的釀造理念和技法，釀出了能為全球葡萄酒迷與酒評家所理解，卻又風格獨具、因在地而深具差異特色的精彩葡萄酒。在極短的時間內，放下制式標準對傳統地方品種的成見，認真面對品種的本然樣貌，釀出跳脫既有格局的新風貌，成為西班牙葡萄酒成功的基本配方，相繼催生了以門西亞（Mencia）葡萄成名的Bierzo跟Ribera Sacra；以格德悠（Godello）白葡萄聞名的Valdeorra；種植許多博巴爾（Bobal）的Utiel-Requena；皮耶多－皮庫多

Secastilla（上）
Tenerife島（下右）
Jumilla（下中）
Priorat（下左）

（Prieto Picudo）的原產故鄉Tierra de Léon等等。

這些在西班牙各地被忽略或遺忘多時的品種，因曾被認為無太多經濟價值，很少為新種植的年輕葡萄園所採用，以至於大多是種在超過半世紀，或甚至百年歷史的老樹園中，全都是無灌溉，且為傳統en vaso引枝法的葡萄園；雖然全需手工耕作，產量也低，但無論葡萄的品質或是永續經營和乾熱極端氣候的耐受性，都絕非現代化的葡萄園可以比擬。西班牙曾經相當遲緩的現代化進程，彷如上天意外的禮物，為西班牙保留了非常多珍貴的古園和古種，讓那些歷經在地原生理念啟蒙的釀酒師們，得以在相隔僅一、兩個年分的極短時間中，就能讓原是平凡廉價的日常餐酒，如橫空出世般蛻變成風味獨一無二、驚艷全球的精緻珍釀。近二十年來看似如新世界般創意無限的西班牙酒業，說穿了，其實只是因為它曾經比其他先進的歐洲產國，多留了許多不符現代標準的舊時葡萄。

不僅是這些原本不受注意的產區，在全西班牙最知名的利奧哈，曾經逐漸被消滅的格那希重拾了昔日光華，不再只能是小配角，有越來越多以格那希為主的紅酒出現在市場上，例如用九十%格那希釀成的Quinon de Valmira，酒價甚至還超越了絕大多數利奧哈最頂級的田帕尼歐紅酒。有趣的是，不僅格那希，更邊緣的利奧哈白葡萄也有驚奇般的轉變，例如維優拉（Viura），在二十年前，因毫無市場，許多酒莊都

Lanzarote島

停產白酒，為了改善慘況，利奧哈酒業公會甚至還特別允許種植夏多內和白蘇維濃這些外來的國際品種，但誰能想到原本被酒評家批評得一文不值的維優拉，竟也能鹹魚翻身為熱門的搶手品種，除了得到許多滿分的榮耀，更突然之間被視為極耐久存的偉大品種，許多原本停產白酒的酒莊又再度釀起了維優拉白酒。

Cava氣泡酒業也一樣在品種上有很大的轉折，加泰隆尼亞當地的傳統品種Xarello、馬卡貝歐（Macabeo，維優拉的另一別名）和帕雷亞達（Parellada），不僅沒有被來自香檳的夏多內和黑皮諾所取代，而且成為Cava的經典混調，也成為今日絕大多數最頂級的菁英西班牙氣泡酒所採用的品種，Cava不可能成為香檳，但香檳也不可能成為Cava，在地的地中海品種所釀成的氣泡酒，除了喝來更具質地，有更豐沛的酒體，也同樣具有釀製成精緻風貌的潛力，更確定的是，絕不會像來自香檳的品種有對乾熱氣候水土不服的問題。

這些隱藏在西班牙各地，還未全然被發現的地方古種，是極其珍貴的基因寶庫，它們讓今日的西班牙酒業，不再需要像Torres酒莊當年得靠著釀出比波爾多品質更好、卻更便宜的調配型紅酒來建立自信。「越在地，越國際」並非只是文青式的口號，或一時的小浪潮，它是讓許多西班牙的垃圾品種，得以變黃金的真實故事。

Ribera Sacra（左）

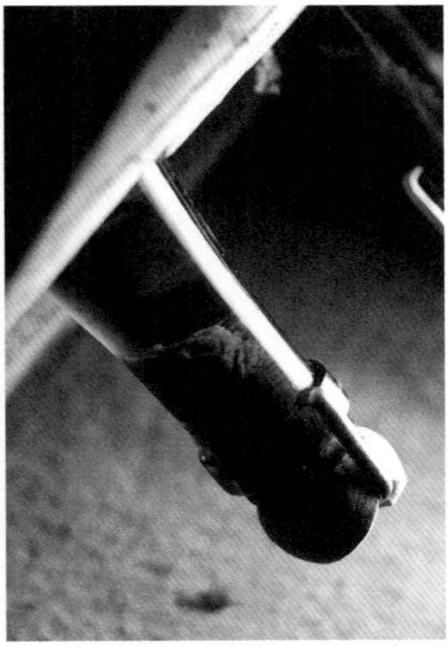

布根地白酒的髮夾彎

法國的布根地是我最常拜訪的葡萄酒產區，雖說是擁有悠遠歷史及最多傳統小農酒莊的地區，但二十年來的變化卻是巨大而明顯，特別是白酒的風格、釀造法與釀酒理念上都有如髮夾彎般一八〇度的反轉。布根地白酒是全球夏多內釀酒師仿效的重要模型，但這樣劇烈的改變並沒有撼動布根地作為全球最頂尖白酒產區的位置，雖然其發生的變革甚至牽動了全球夏多內白酒的風味變化。但最奇妙的是，布根地白酒的髮夾彎竟是源於一場意外，一場至今仍是懸案的頂級白酒提早氧化變質的災難。

一九九八年因為《酒瓶裡的風景》的寫作計畫在布根地停留一整年，當時拜訪的許多酒莊常會以全村最晚採收為傲，我也曾在許多酒莊的酒窖裡花一整個下午品嘗同一白酒在不同森林的橡木桶的風味差異，在普里尼－蒙哈榭（Puligny-Montrachet）跟梅索（Meursault）這些白酒名村的酒窖裡，看到的幾乎都是全新的橡木桶。當時，用桿子攪拌沉澱在木桶底的酒泥，讓酒體更豐滿，味道更甜潤的攪桶（Bâtonage）技術非常盛行，拜訪酒莊時也不免要請莊主示範一下。其實當時許多酒莊都已經採用有微電腦程式的氣墊式榨汁機，也非常流行採用跟香檳區一樣、整串葡萄無去梗，更輕柔地進行榨汁。

現在拜訪布根地，葡萄農常會得意地說他是全村最早採收，除了少數酒款和酒莊，

幾乎見不到堅持用一〇〇%新桶釀造的酒莊，低比例新桶反而成為常態，甚至也越來越多完全不用新桶的酒莊，他們常會很自豪地告訴訪客，只用舊桶除了省成本，還能賣更貴。除非特別問，釀酒師很少再提起攪桶了，問了大多也是說很少或完全沒有攪桶。現在大多還是用氣墊式榨汁機，但若擁有垂直式的榨汁機或甚至老式機械式榨汁機的葡萄農，卻常能吸引其他釀酒師羨慕的眼神。有釀酒師跟我說，以前大家認為對的事，我都努力照做了，但現在卻全都變成是錯的，要一一改回來。

起因是許多一九九五跟一九九六這兩個被認為絕佳年分的布根地白酒，在六年之後出現類似氧化的現象，二〇〇四年間引發葡萄酒界的討論和關注；這些有問題的酒，顏色轉為褐色，出現焦糖系的香氣，而且主要來自知名精英酒莊的頂級酒款。但奇特的是，大部分的案例，同一箱酒卻不是每一瓶都有提早氧化的問題，有些甚至還非常美味。布根地白酒以耐久聞名，更是常占全球最昂價干型白酒的位置，撐不了六年就變質，無論買家或釀造者都無法接受，甚至有美國的布根地專家呼籲，如果不是打算在六年內喝完，不建議購買布根地白酒！

布根地從一開始的否認，到正視問題，至今已經十多年，經過多方的科學研究，到現在對於發生的原因，其實還沒有非常確切的解答，但卻有無數個疑似的原因，更讓人擔憂的是，在後續的一九九九、二〇〇二、二〇〇四和二〇〇五等年分依舊有

CHEVALIERS-MONTRACHET

提早氧化的案例發生。也許正因為找不到答案，這些布根地白酒的精英釀酒師們，被迫要像是釀酒菜鳥一樣全盤地反省所有釀造過程。「到底哪裡做錯了？」成為他們日復一日詰問自己的咒語。在一九九〇年代特別流行的晚採收、新橡木桶、攪桶、氣墊式榨汁等等，都一一被質疑和重新審視。

而最尷尬的是，這一個世代的布根地葡萄農，在釀酒知識的傳承上已經不再沿襲過往父子相傳的師徒制，大多習自專業的釀酒學校，甚至有些還擁有法國的國家釀酒師文憑。但相比之下，沒有受過專業釀酒學訓練的父輩或祖父輩所釀的白酒不只沒有提早氧化的問題，反而更常歷經數十年的時間考驗，熟成出迷人的陳年風味。

有些沒有出現提早氧化問題的酒莊，例如總是比其他酒莊早採收，而且全然不進行攪桶的Domaine Roulot，或者仍然採用舊式機械式榨汁機的Coche-Dury等等，他們的釀造理念和方法開始受到其他釀酒師的關注，起而仿效，至今已經變成風潮。

除了用釀酒科學尋求解答，舊時的釀酒傳統也再度受到注意，甚至重新採用，例如曾經被視為落後與無知的氧化式釀造，也被布根地的技術單位推薦為避免提早氧化的良方。有葡萄農跟我說，小時候看爸爸釀酒時，從榨汁機榨出來的葡萄汁跟水溝水一樣混濁骯髒，心中想著將來一定不要再像爸爸這樣，長大後去學校學了釀酒，採用新設備和釀法，輕柔榨汁，添加二氧化硫保護，沒想到最後卻釀出更脆弱、更容易氧化壞掉的酒。

每一位布根地的釀酒師，對提早氧化的成因都自有不同的解讀與看法，當然，也化作不同的行動，從採用新材質的軟木塞，到釀造過程完全不添加二氧化硫的激烈氧化釀法等等，或創新或復古，看似千奇百怪卻又各有所本，但也真的開始有了成效。提早氧化的現象歷經二十年的糾纏，已成歷史，但卻讓布根地原本就相當個人主義的葡萄酒業，繁衍出更多樣多變的葡萄酒風格。這似乎是上天的禮物，讓布根地白酒再造一個更迷人的黃金時期。

從橡木桶到陶罐

過去近三十年間拜訪過全球各地的上千家酒莊，幾乎每到一家，都少不了安排參觀總是堆滿橡木桶的培養酒窖，甚至連已經不太常用木桶培養的氣泡酒商也常會刻意擺些木桶應景。有此慣常現象的原因在於，葡萄酒圈裡普遍認為，越是高級的酒款，越少不了要使用橡木桶進行培養。

高品質的橡木桶必須選用特別樹種，如歐洲的夏櫟或美國白橡木，甚至來自特別的森林——如法國中部的Tronçais森林——橡木片經數年風乾後需純手工製作成桶；釀酒師對各家木桶廠自有所好，但無論知不知名，新橡木桶的價格都相當昂貴，一般二二五公升容量的法國橡木桶就要近千歐元，而同樣容量的一般波爾多散裝紅酒可能都還不到三百歐。一家年產三十萬瓶的中型酒莊如果使用木桶培養一年需要上千個木桶，若是全用新桶，每年光是買桶就要耗資百萬歐元。

耗錢的並不只是木桶本身，對釀酒師來說，每一個木桶都如小容量的發酵槽或培養槽，數量以百、以千計，都必須分別檢測，管理相當麻煩，跟大型酒槽相比特別費工，例如簡單的換桶工作，就需要一組兩人耗上近月的時間才能完成。即便如此，這些麻煩依舊阻擋不了高級葡萄酒的釀酒師們對於橡木桶的偏好。

橡木桶雖然只是葡萄酒的容器，提供一個讓酒緩慢成熟的微氧化空間，但木桶的香氣分子和單寧也會滲透進葡萄酒中，成為原料的一部分，不僅改變葡萄酒的香氣，

連味道都會不同；尤其是全新的木桶，影響更是直接且明顯，雖然可以增添只有高價酒才負擔得起的木桶香氣，但也常會因此掩蓋酒中珍貴的風土滋味。為了模仿高檔的木桶香，有些酒莊甚至會在酒槽中泡橡木片或橡木粉，讓平價的酒款也能偽裝成有木桶培養的風味。橡木桶味在全球化的推波下成為葡萄酒中最浮濫、離葡萄與土地最遙遠的香氣。

但木桶的濫用，也換來釀酒師的反思和改變。

最近幾年來，拜訪酒莊時開始越來越常見到橡木桶以外的培養容器，例如已經相當普遍地使用在白酒釀製的蛋形水泥槽，而就算都是水泥槽，也出現了金字塔形、鑽石形、八角錐形、鬱金香形等各式變化。論及材質與形狀的多樣性，也有仿橡木桶形狀的不鏽鋼桶、球形的炻瓷桶等等。這些容器都各具特色，像是會自然產生內在循環的蛋形水泥槽，常能培養出更豐潤厚實的酒體；球形桶有更細緻純粹的乾淨質地……但它們的共同特點就是絕不會有橡木桶氣味。

同時，在橡木桶的使用上也出現許多改變，炫富式的成排全新木桶越來越少見，新桶的比例也越來越低，堅持使用舊桶成為釀酒師品味清高的象徵。燻烤木桶的焙度越來越低，同時木桶的容量越來越大，五〇〇公升跟六〇〇公升成為新主流，甚至可用數十年的大型木槽再度蔚為風潮。它們的共同特點是更隱約、有節制的橡木桶

氣味。

不過，近十年內，最戲劇性的轉變卻是在陶罐的使用——不僅如遍地開花般，有難以數計的酒莊嘗試使用，甚至已經有許多釀酒師大規模使用陶罐來釀造或培養葡萄酒，影響所及，不僅只是在邊緣小眾的產區發生，在最主流的經典產區如波爾多或是布根地，都有名堡如Ch. Pontet-Canet、名莊如Domaine Michel Magnien採用。很難想像這股現在正席捲全球葡萄酒業的風潮，卻是晚至一九九七年才開始啟動的。酒莊位在義大利東北部Collio產區Oslavia村內的Joško Gravner原本以釀造優雅風格的現代化白酒聞名，卻首開西歐先例，嘗試在喬治亞陶罐（Qvevri）內，以整串白葡萄釀造泡皮數個月的詭奇葡萄酒。

Gravner和同村的Stanislao Radikon，以復興古代傳統為基礎的全新釀造方式，釀成少干預、除了葡萄完全無其他添加物、帶氧化風味與粗獷氣，更接近原始型態的葡萄酒。出乎意料的是，相當極端的風格不只引來許多批評和專業酒評家的疑慮，但也同時吸引許多關注，甚至開始影響村子周邊的釀酒師，用類似的方法釀酒，逐漸形成一股陶罐釀製酒的復興運動，擴展到義大利各地，並逐漸成為自然派葡萄酒中相當重要的釀酒容器選項，進而普傳到全世界。

這種看似非常新潮的釀酒容器其實有相當悠遠的歷史，除了在西班牙與葡萄牙至今

仍有老式酒莊使用，在希臘羅馬時期更是盛行，而且除了釀造也普遍用於葡萄酒的運輸上。更是五千多年前在高加索地區，最早期的葡萄酒釀造所使用的容器，而且還一路沿襲，至今仍有在地的酒莊使用。

相較於橡木桶，無論在大小和形狀以及對葡萄酒風味的影響，有較大的一致性，陶罐的變化則是相當多樣，對葡萄酒的影響也有所不同。陶罐的最大變數在燒製溫度，會直接影響透氣性，讓在罐中培養與釀造的酒產生不同程度的氧化和蒸發速度。燒製的溫度越高，氧化和蒸發速度就會變慢；容量越小影響則剛好相反。有些陶罐會埋在土中，除了較不易氧化與蒸發外，也有較為穩定的溫度差變化。

經陶罐培養的葡萄酒通常會有較多氧化的影響，也會因為蒸發快速而讓口感變得較為濃郁豐厚，有較長的餘味。最特別的是常帶有一些海水氣息和礦石感——除了因有較多揮發性酸，酒香較為奔放外，也經常微帶有鹹味感，即使是酒體濃厚的類型也頗為開胃。陶罐酒雖不是特別精緻優雅，但卻常有渾然一體的諧和酒體與相當獨特、古樸深厚的舊時風味。

舊時的陶罐傳統在二十一世紀初意外地重回到現代酒窖中，激起的流行風潮看似復古懷舊，卻也同時為葡萄酒釀造帶來新的可能——在橡木桶培養出的慣常風味之外，創造出更多樣的滋味，也為更美好的葡萄酒未來埋下珍貴的創新因子。

HEINRICH
Graue Freyheit
2016
ÖSTERREICH
0.75 l
MKM

Castiñeiro
ALBARIÑO
Aldea do Monte
PARCELARIOS (III)

RADIKON

葡萄酒本色

相較於嗅覺和味覺有較多模糊的空間，眼睛看得見的，最易於辨識，但也最容易產生偏見。有很長一段時間，深黑紫的酒色曾經被當成頂級紅酒的最基本特徵。顏色深常代表濃厚堅實，象徵由低產量、高成熟度的葡萄所釀成，讓人聯想到好年分——有更濃縮的味道，酒體更加龐大，結構更為雄偉，氣勢也更磅礡。藍紫色調常暗示酒的年輕與耐久。而顏色如果淡且偏橘紅，常常第一眼就被判為清淡早熟的廉價酒。顏色告訴我們許多事，但也藏著更多的欺瞞。雖然在葡萄酒的感官分析中，視覺特徵並非最關鍵重要，但卻常常在品嘗之前就已經起了決定性的暗示作用。

加深顏色讓酒更像是有料的高級酒，曾經是許多釀酒師努力的方向，除了從葡萄種植做改變，或者選擇來自高日夜溫差產區的葡萄和一些釀造技法——如發酵前低溫泡皮，或者更激烈的高溫差法等等——為葡萄酒增添加色的效果。當然，也有更簡便的方法，直接添加從紅汁葡萄中萃取出來的紅色素，例如Mega Purple，也能讓稀淡的酒色直接轉為深黑色調，因只需添加千分之一的濃度，而且是來自葡萄的純天然色素，是合法且常見的葡萄酒添加物。

二〇〇八年在義大利中部最知名的菁英產區蒙塔奇諾（Montalchino）發生的集體造假醜聞案，便是這個深色酒時代最經典的真實諷刺劇。當地法定產區的紅酒採用布

魯內洛（Brunello）釀造，這個品種是山吉歐維榭（Sangiovese）眾多的別種之一，實際的顏色偏淡也偏橘色調，常會添加其他深色品種如Colorino，讓顏色「好看」一些，但在義大利中部最被推崇的蒙塔奇諾產區卻規定必須完全採用布魯內洛，不是特別深黑的酒色與飲者對頂級紅酒的心理預期之間，有頗大的距離。為了加深顏色，並得到媒體酒評的青睞，有一些酒莊疑似違法添加外來的波爾多品種，甚至也可能加了來自義大利南部顏色更深的葡萄。美國酒類與菸草稅務貿易局甚至因此一度中止蒙塔奇諾紅酒的進口。

對比現今義大利最當紅的葡萄，如內比歐露（Nebbiolo）、黑馬斯卡雷榭（Nerello Mascalese）全都是淺色品種，造假加深顏色的醜聞應該已經是歷史的陳跡了。轉淚點是二〇〇五年時，一部關於酒鄉之旅的劇情電影《尋找新方向》（Sideways）。這部電影讓黑皮諾意外地在葡萄酒世界中爆紅，也開始改變了大眾對酒色的刻板印象，更為今日更接近葡萄本色的發展立下基石。片中的男主角麥斯說：「它的皮薄、捉摸不定、早熟……需要持續不停地照顧，事實上，適合生長的地方需要非常特殊的條件，只隱藏在世界上某個小角落裡，只有最有耐心、愛心的栽種者才能種植成功，只有最能瞭解黑皮諾潛力的人，才能讓它發揮到極致。而且，最重要的是，它的味道實在是最縈繞於心，光鮮、興奮和微妙，像是這星球上最原始的味

CUVEE
DOMAIN
ROBERT-DEN

道。」因皮薄，皮中色素不多，黑皮諾紅酒的顏色總是特別淺淡。

近十多年來，黑皮諾的釀酒師開始告訴葡萄酒的愛好者們：當你拿著葡萄酒杯搖晃的時候，必須要能夠穿過杯中的黑皮諾紅酒看見握著杯梗的手指，這才是一款風味優雅的黑皮諾紅酒該有的樣子。若太深黑，其中必有蹊蹺。有了黑皮諾開路，義大利西北部的內比歐露、地中海岸的格那希以及經歷醜聞案的山吉歐維榭等等，這些酒色較淺，且色調偏橘紅的黑葡萄品種開始不用再刻意隱瞞或補強酒色了。

隨之而來的，是更多顏色更淡的邊緣品種的價值被再發現，並重新受到注意和肯定，如地中海岸的仙梭（Cinsault）、奧地利的聖羅蘭（Saint Laurent）、科西嘉島上的恰卡雷羅（Sciacarello）等等這些像黑皮諾般優雅的淡色品種，都在近十多年間找到許多新的愛好者。不僅是品種，在自然派的復古式風潮中，十九世紀之前的淡紅酒主流葡萄酒類型也開始變的新潮起來，這種更接近飲料的可口紅酒，顏色淺淡透明，大多鮮美多汁，非常適合歡快暢飲。這剛好跟以波爾多紅酒為代表、講究口感結構、追求完美均衡與永恆不變的古典主義紅酒相對反。理性主義的過度強調，讓古典派的紅酒常常流於精英式的品味，追求極致完美，卻少了觸動情感的人性，也取代了「美味可口」這個最根本的釀酒目的。淡紅酒的再現，正是對這樣單一價值的葡萄酒發展的反動，也適時地為未來提點了新的方向。

COMANDO·G
TUMBA DEL
REY MORO
VILLANUEVA DE ÁVILA
VINO DE PARCELA
2016
ELABORADO POR FERNANDO Y DANIEL
VALLE DEL ALTO ALBERCHE
SIERRA DE GREDOS

因為釀造時採用整串沒有去梗和破皮的葡萄，皮和汁的接觸不多，曾經被視為只適合釀造簡單日常餐酒的二氧化碳泡皮法，開始被自然派名莊用來釀造顏色淡、香氣豐富、質地柔和可口的美味紅酒；同時，因萃取較少，酒中更能顯現細節變化和風土個性，甚至還能有遠超出預期的耐久潛力。曾經被現代釀酒學揚棄的黑、白葡萄同園混種、一起同槽混釀的復古釀法，也開始在許多釀酒師的手中釀成許多精彩迷人的淡紅酒，完滿和諧的程度常常超出釀酒大師精心調配的宏偉紅酒。

建基在科學和理性之上的現代釀酒學為葡萄酒世界建立了一個以剛性均衡為標準的品評系統；但這些在此標準之外的許多自然派淡紅酒，卻常自成系統，看似單薄柔弱，其實往往也內藏生命力道，擁有看不出斧鑿，完全自成一體的均衡與自在。或許，正因為和自然相合的律動，使它即使沒有強健的酒體——例如一些在一九八〇以及一九九〇年代以自然派二氧化碳泡皮法釀成的淺色薄酒來紅酒——卻也跟經典的波爾多或布根地紅酒一樣，經得起數十年的時間考驗。這也許和很多書上寫的不一樣，但也許是時候放下書本，看看真實世界了。

能混則混

在葡萄的種植與釀造上，偷懶與漫不經心並非最糟的選項。嚴格控制、過度追求完美，往往才是迷人風味的最大阻礙。

黑皮諾是一個歷史悠久的品種，隨著時間發展與地域分隔，演化出相當多個性相異的無性繁殖系（clone）。拜訪歐洲以外的黑皮諾產國，釀酒師們常會認真地討論著他們種植了哪些clone，是新引進的（如777、667等），還是舊有的（如Pommard Clone或Abel Clone等），他們幾乎都將不同的clone分開種植，分開採收，分開釀造，然後再小心翼翼地、依照最佳比例，將不同clone的黑皮諾紅酒調和在一起，即使是釀造小批次的單一園也是如此。

在黑皮諾的原產地，情況卻完全不同。拜訪過的五百多家布根地酒莊中，沒有任何一家提起種了哪些clone。在布根地，新種葡萄園不過就是多買一些不同的clone，隨機混種在一起，以避免單一基因可能產生的高風險。老一輩的葡萄農都還記得一個稱為Pinot Droit的clone，因為產量大，曾經在一九七〇年代大為流行，卻常釀成風味粗獷的紅酒，對品質帶來長期負面的影響。現在，當地有越來越多的酒莊捨棄clone，改成在自家老樹園，重新採用老式的Massal選育法來培育新苗，在新種的園中延續最多樣的優秀基因，每一棵樹都自有特性。

雖然都是黑皮諾，但不同的clone之間的特質——如果粒大小或香氣表現等等——都

QUINTA DO NOVAL
2011
VINTAGE
NACIONAL
PORT
BOTTLED AND SHIPPED BY
QUINTA DO NOVAL VINHOS, S.A.
PINHÃO
Produce of Portugal
BOTTLED IN 2013

不盡相同。問釀酒師們為什麼不跟布根地一樣隨機混種就好，得到的答案都是：「我們種植黑皮諾的時間還不夠久，分開釀造才能幫助累積經驗。」他們最擔心的，往往是成熟期的差異，如果跟布根地一樣混種一起，採收時很難分辨，只能被迫混著採，無法依每一clone的最佳成熟度採收。這對一個受過現代釀酒學訓練的釀酒師來說，確實相當難以面對，因為放棄精確掌控葡萄的成熟度，幾乎等同於自廢武功。

透過技術控制葡萄酒的釀造過程，以達到設定的目標是現代釀酒學的核心，這讓大規模與標準化的製酒成為可能，因為失誤的機率降低，品質也較穩定。但在釀造黑皮諾時，一切都在釀酒師的控制之下進行，才會是唯一且最佳的途徑嗎？若就成果來看，在選擇clone這件事上，布根地看似漫不經心的方法似乎有相當好的成效，比起由釀酒師分開釀造再精心調配的，更容易釀成自有個性、反映風土的精彩葡萄酒，而且還更能在時間之流中常保均衡。

不只是黑皮諾，混種著許多不同品種的老樹園，也一樣常能釀出比釀酒師混調更完滿協調的葡萄酒。在現代釀酒學興起之前，混種其實是歐洲大部分產區的古老傳統，混種一園的品種常達十數種之多，而且經常黑、白葡萄相混，有些還流傳至今，例如波特酒產區最傳奇的Quinta Noval酒莊Nacional園。即使以單一品種聞

名的產區，也都有混種的傳統，例如北隆河Côte Rôtie的希哈（Syrah）與維歐尼耶（Viognier），或者，較不為人知的如布根地Corton-Charlemagne園的夏多內與阿里哥蝶（Aligoté）。即使在所謂的新世界產國也有頗多的混種老樹園，例如加州Ridge酒莊的Geyserville園，是金芬黛（Zinfandel）混種了佳麗濃（Carignan）、小希拉（Petite Sirah）和慕維得爾（Mourvèdre）等品種的百年老樹園。

這些意外流傳下來、不符現代釀酒學理性標準的混種古園，雖然釀酒師能夠完全掌控的選擇不多，但卻常釀成完滿協調、美味且耐久的精彩珍釀。跟黑皮諾的clone選擇一樣，自然間其實自有秩序，學習何時應該放手是釀酒師要從技術專才進化成釀造大師的最重要歷程。

現代釀酒學所知的標準仍有許多盲點，常會排除掉不符標準、卻可能讓酒更迷人的缺點葡萄。而隨機混種強迫釀酒師無法干涉太多，也許正是成功的因子——因為最完美的葡萄往往必須有一些不完美性才能釀成最完美的酒。

La Closerie des Moussis在波爾多梅多克的Cantenac村內的一五〇年混種古園。

佳麗濃和佳麗涅納

Roussillon（上）
Priorat（下右）
Priorat（下中）
Maury（下左）

必須承認，是先愛上佳麗涅納（Cariñena）才發現佳麗濃（Carignan）的珍貴。這樣說其實很矛盾，因為它們其實是同一個品種，不同的只是拼寫的差異——Cariñena是西班牙名，在法國叫作Carignan。它們都有坎坷的過去，曾被棄之如敝屣，卻在近年來鹹魚大翻身。但關鍵的是，因為西班牙的一些先例，讓我見識到佳麗涅納的精彩處，進而開始對法國的佳麗濃另眼相待。

位在加泰隆尼亞自治區南邊的普里奧拉（Priorat）是西班牙最知名，酒價最高的產區之一，在當地，佳麗涅納經常混調在法國稱為格那希（Grenache）的加那洽（Garnacha）葡萄，釀成世界級的精緻紅酒。佳麗涅納顏色深黑，酒體結實硬朗，生長季比較長，可以慢慢成熟，而且保有清新的酸味，這對氣候極端乾熱的普里奧拉產區其實相當關鍵，可以讓酒精度常超過十五%的普里奧拉紅酒維持極佳的均衡感，如此便可和色淡、高酒精、酸味少一些、結構柔和，且較易氧化的加那洽，形成彼此互補的搭檔品種。

特別是當地的佳麗涅納常種植於海拔較高，且多一些雨水的村莊，如Porrera和Poboleda，這樣的條件讓其酒風更加清新鮮明，甚至有更明顯的礦石氣。有些時候，它甚至不需要加那洽的陪襯就能自顯完美的均衡，例如當地幾款以一〇〇%佳麗涅納釀成、沒有混調的珍稀紅酒，如Mas Doix的1902，Terroir al Limit的Les Tosses，或

是Ferrer Bobet的Selecció Especial等等，都是酒風特別細膩又充滿豐富變化的優雅型珍釀，也顛覆了許多人對普里奧拉紅酒濃厚多酒精的刻板印象。

原本以為已經到頂了，但近年來又出現了許多酒風更為精巧、質地細膩多變的珍釀，例如Costers del Priorat酒莊的Clos Cypres、Celler Scala Dei酒莊的Heretge，以及Torres酒莊的Mas de la Rosa，特別的是，後兩者都出自西班牙的超大型酒業集團，卻能將佳麗涅納釀成如此超凡的精彩樣貌。

雖然佳麗涅納是原產自西班牙的品種，但法國才是種植最多的地方，尤其在法國南部、地中海西岸，全球最大的葡萄酒產區隆格多克－胡西雍（Languedoc-Roussillon），佳麗濃葡萄園廣及五萬公頃之多，幾乎是佳麗涅納的十倍。在二十多年前，面積甚至高達十幾萬公頃，比整個波爾多的葡萄園還大，主要用來釀造數以億計、風味平凡、有些粗獷氣，但極為廉價的日常餐酒。

在一九九〇年代，佳麗濃曾經是品質平庸與價格低廉的象徵，法國葡萄酒業的技術官僚將其定位成葡萄園再造的絆腳石。拔除佳麗濃在當時被視為是解救當地葡萄酒業的解藥。只要葡萄農願意拔掉佳麗濃，法國政府便奉上獎助金；如果改種植希哈、慕維得爾（Mourvèdre），或卡本內蘇維濃等外來名種，則可以再得到另一筆補助；不再採用傳統的杯型式（Goblet）引枝法，改成可以機械化耕作的籬架式種法又可得到一筆錢。這樣的葡萄園改造計畫，曾經耗掉歐盟非常龐大的預算，一直延續到最近幾年才結束。雖然多了許多產量穩定的新式葡萄園，但也毀掉了數以萬計、現今最珍貴、以傳統法種植、無人工灌溉的佳麗濃老樹園。如前段提到，產自西班牙普里奧拉區，那些高價的佳麗涅納珍釀，全部都來自這樣的傳統老樹葡萄園。要重新種回來，至少要耗時半世紀的時間。

在法國比較早現代化的隆河丘（Côte du Rhône）產區，佳麗濃已經幾乎被消滅殆盡，大部分的法定產區都曾經嚴格規定不可添加，即使允許，最多也不可超過十%。今日，葡萄酒界再度發現佳麗濃的長處時，為時已晚；但少數偷偷保留的酒莊，如Chaume-Arnaud，或Elodie Balme和Saladin等酒風自然細緻的精英酒莊，都很慶幸有這些佳麗濃老樹可以混調。即使僅剩微小的比例，但都可以為他們的葡萄酒多添一些新鮮與迷人的礦石氣。

但在隆格多克則有些不同，葡萄園現代化的時間點介於西班牙和法國其他產區之間。有些以傳統法種植長達半世紀以上，甚至超過百年的佳麗濃，很幸運地被保留下來，成為今日最能代表隆格多克－胡西雍，最珍貴也最無可取代的明星品種，雖然當地的法定產區並不容許以一〇〇%的佳麗濃釀造，必須混調其他品種。一些以百年老樹釀成的迷人紅酒，如Clos du Gravilla酒莊的Lo Vielh Carignan、Anne Gros &

Jean-Paul Tollot酒莊的Les Carrétals、Domaine Gauby混調的Muntada等等，都證明當年在葡萄酒學校學到關於佳麗濃的種種缺點，其實從現在的角度看，大多是似是而非的偏見，而我竟然花了二十年的時間，才能對此稍加遺忘。

一九三六年，法國創立了法定產區制度，嚴密控管葡萄園風土條件，以保存傳統地方風味，為法國保留了許多珍貴的傳統葡萄酒風格，不會因為短暫的市場流行而隨意變調。但即使如此，佳麗濃還是差點就被遺棄了，何以至此？起因乃是大家對葡萄品種的價值評斷總是過於短視，釀成品質低劣的酒，常是種植或釀造之過，或產量過高，或釀法取巧，或種錯地方，而非品種天性。今日的垃圾可能是明日的黃金。名種與劣種，有時也僅是一念之間，而這正是佳麗涅納為佳麗濃帶來的最佳禮物。

DOMAINE
GAUBY
2002
Côtes du Roussillon
Muntada

利奧哈，向過去看齊

二〇一八年，葡萄酒雜誌《Wine Advocate》的Luis Gutiérrez在當時總數僅有二十餘款的西班牙滿分酒中新增了三款酒，其中有兩款是利奧哈（Rioja）產區的紅酒，分別是來自López de Heredia的特別版選桶酒Matador Parreno 2011，以及Telmo Rodiquez的Las Beatas 2015。雖然至今還不太理解滿分的標準何在，但主流酒評家獨獨喜愛這兩款相當具有歷史感的另類稀有酒，將之置於西班牙葡萄酒的終極位置，也許在某種層面上，具有標誌時代風潮轉換的深義。

從我的角度看，這兩款酒中，前者代表十九世紀末、二十世紀初利奧哈產區在現代化初期時的葡萄酒風格；後者則是在更早之前，還沒有現代化前的葡萄酒樣貌。不同的是，López de Heredia採用的是百年不變的古法種植與釀造；Telmo Rodiquez的Las Beatas則是十九世紀的葡萄農自釀酒的新時代復刻版。

西班牙的釀酒師最讓我欽佩的，是他們常具創新與行動力，同時又能自傳統中自省，釀成多樣又自有風景的迷人佳釀。出身自利奧哈的Telmo Rodiguez便是其中的典範。將前瞻的夢想變成現實，對大部分的人來說都是遙不可及，但十多年來，Telmos卻已經在葡萄酒世界裡釀成許多的夢想葡萄酒。最近一趟的利奧哈小旅行，又再度見到他另一個幾近成真的葡萄酒夢想——一種更貼近自然、回到十九世紀末的樸真滋味。

RIOJA
VIÑA
TONDONIA
RESERVA
VIÑA
TONDONIA
VIÑA
TONDONIA
RESERVA
VIÑA
CUBILLO
VIÑA
TONDONIA
VIÑA
GRAVONIA
VIÑA
GRAVONIA

Telmo Rodiquez

Telmo Rodiguez出生西班牙利奧哈的釀酒世家，擁有波爾多大學的釀酒師文憑，管理家族有數百公頃葡萄園的酒莊Remelluri，更在西班牙十多處產區，釀造數十款的葡萄酒。他的最新計畫——Las Beatas，則是積累許多釀酒學知識與葡萄酒經驗之後，選擇回到原初，重建利奧哈葡萄酒歷史的自省之作。

Las Beatas是一片位在高海拔梯田的百年老樹葡萄園，跟大部分僅存的葡萄根瘤芽蟲病之前的歐洲葡萄園一樣，混種七種葡萄，其中還摻雜著許多白葡萄；因未機械化耕作，葡萄不成排成行，僅是隨意種植，任其生長，但密度卻相當高。一九九八年Telmo Rodiguez買下這片僅一・九公頃的葡萄園時，年老、即將退休的前地主已經拔掉一半的老樹。除了保存珍貴的老樹，他選擇依照古法重種，全部手工耕作，直到二〇一一年才開始生產第一批、僅五〇〇公升的葡萄酒。在傳統、狹窄的老式地下岩洞中釀造熟成，不同的葡萄品種——包括白葡萄——全部混在一起，不去梗，無添加，讓原生酵母自己緩慢發酵，釀成後，再採用大型的舊木桶培養。

這是一個全新的計畫，但目標卻是試圖回到十九世紀，現代葡萄酒工業興起之前，沒有太多科學與理性計算的老式酒業。Telmo Rodiguez說Las Beatas讓他有機會重新學習利奧哈的手工藝式釀酒傳統。但對於一個已如此知名的釀酒師，回到這樣的傳統意義在哪裡呢？

Las Beatas

在Las Beatas園山腳下的Haro鎮上，即有一家完全以二十世紀初的百年前古法釀酒的Lopez de Herredia酒莊，持續釀造古老風味且非常耐久的迷人葡萄酒。Telmo希望能再往後一步，用更少現代化影響的方式釀造也許更自然純粹的葡萄酒風。這是歷史的冒險與探索，但也可能是未來的指引。

創立於一八七七年的Lopez de Heredia，是一家讓釀酒技藝倒退一百年，但卻也讓我懷疑是否要重修釀酒學的酒莊。老式過氣如果可以頑固不化地撐著百年不變，那還會只是老式過氣嗎？十三年前第一次拜訪López de Heredia時莊主Maria José說：「我們很喜歡曾祖父釀的酒，我們要用他釀造的方法繼續釀酒。」這句話說得輕鬆，但真的要堅持用一百年前的方式釀酒著實令人匪夷所思。例如，塑膠在一九〇七年才剛發明，還沒被製成裝葡萄用的塑膠桶，現在Lopez de Heredia酒莊採收時，還沿用重達數公斤重的傳統木桶裝運人工採收的葡萄，這種只在博物館裡見得到的沉重木桶，酒莊裡還保有兩百多個，這讓採收相當麻煩費時，而願意背負如此重擔的搬運工人更是難尋。

而這僅是所有釀酒細節中的一小項而已，還有其他更駭人聽聞的，包括：完全沒有控溫設備，讓酒自然發酵；白酒要經六年小型橡木桶培養，最頂級的紅酒甚至長達八年，而最「青春」的粉紅酒也要長達四年。為防酒氧化變質，現在全世界的葡萄

La Rioja Alta S.A.
40

酒釀造專家，沒有人會讓橡木桶培養超過二十四個月，八年，剛好是四倍。López de Heredia陰暗潮濕，長滿灰黑黴菌、飄散著苔蘚與腐木氣味的地下酒窖裡，存放著八百萬瓶的葡萄酒，但每年卻只上市五十萬瓶。例如一九八五年分的Viña Tondonia、Grand Reserva紅酒和一九八一年的Viña Tondonia、Grand Reserva白酒都在二〇〇六年才上市。現在新式釀法的利奧哈白酒中，少有超過五年還能保有新鮮與均衡的，而這瓶超過二十五年的Viña Tondonia白酒卻才剛開始進入最燦爛的時候，特別是核桃與杏仁為主調的酒香交錯著甜熟水果與香草香氣，熱鬧中伴著陳年的氤氳，非常迷人。

利奧哈酒業的現代化是在一百多年前，因應波爾多酒商南遷，尋求取代波爾多因葡萄根瘤蚜蟲病肆虐而枯竭的酒源。在此之前，大多由葡萄農在村邊的洞穴酒窖中自家釀造。波爾多帶來現代化的釀酒技術和調配法仿製類似波爾多的紅酒，透過便利的鐵道運輸運往波爾多港再轉銷海外。

López de Heredia雖是利奧哈傳統派的代表，但同時也是傳承自波爾多一個世紀之前的古典派釀造。而Telmo Rodiguez的Las Beatas卻是一個更接近仿效自然的浪漫派紅酒。至今一共品嘗過四個年分的Las Beatas，喝來相當清新可口，卻又多變耐飲，完全不同於時下流行的濃厚堅實酒風。酒中顯現的，不是園丁修剪整齊的華麗法式庭園，而是一片雜草漫生、如自然荒野般，沒有設計和佈局，卻讓人想漫步、流連其中的自然美景。

María José López de Heredia在Viña Tondonia葡萄園。

Part IV

葡萄酒的生死課

封存在酒瓶裡的葡萄酒，

總暗藏著一片微生物的小宇宙，

延續著來自葡萄與土地的生命之力，

熟諳此道的釀酒師，

會為生命在酒中留下通道，

讓每一瓶酒都能自釀成留著生命刻痕的獨特滋味。

遺忘的滋味

當一個已經完滿成就的釀酒師，卻必須完全歸零重頭開始，會釀成什麼樣的滋味呢？

Thierry Germain說：「二〇一三年，腦中的腫瘤讓我失去了記憶，在最嚴重的時候甚至連酒莊旁的道路都不認得了，也想不起來以前是怎麼種植葡萄與釀酒。」他是Domaine des Roches Neuves的莊主，全球最頂尖的卡本內弗朗紅酒以及白梢楠（Chenin Blanc）白酒的釀造者。卻因為生病突然遺忘了二十年來慣用的釀造技法，記憶如同白紙般空白。Thierry說：「我只好改而用心、用脾胃、用身體的感應去釀製。」

二〇一三年在羅亞爾河產區雖然是一個天候條件非常艱困的年分，很多酒莊放棄生產頂級酒款，但他卻意外地釀成了生涯中最精彩傑出，也可能是最具生命力的葡萄酒。

習以為常，進而視而不見，是人之常情。Thierry說：「看見眼前所發生的真實，有時，反而是最難的。」酒莊所在的Saumur-Champigny產區，位在羅亞爾河南岸的石灰岩區，雖說與Chinon與Bourgueil等地齊名，區內也有卡本內弗朗的世界級傳奇名莊Clos Rougeard，但對產紅酒來說還是太過寒冷潮濕，而且很不穩定，每年的天候環境都很不一樣，有時甚至相反極端。這正是北半球高緯度產區的常態。

DOMAINE
ROCHES
SAUMUR

Franc de Pied園（上）
Thierry Germain（下右）

要釀造精彩的白梢楠也許容易一些，但釀造卡本內弗朗紅酒，葡萄的成熟度常在剃刀邊緣上徘徊，細緻精巧與酸瘦粗獷僅只是一線之隔。我想，每年都能放下過去重新面對，也許正是最完美的方法，而這或許也正是Thierry得以如此成功的緣故。

和Thierry一起試了二十餘款二〇一三與二〇一四以及培養中的二〇一五年分，每一款都彷彿一面通透的鏡子，因為直顯自然而有非常優美、充滿生命力的紋理質地。因為都自有個性，實在很難分出偏好與優劣，即使是最平價的二〇一五年的「Domaine」都跟最頂級的酒，如百年老樹釀成的Mémoire或原根種植的Franc de Pied一樣精緻迷人，酒中彷彿留著許多自然天成的巧妙空間，讓飲者得以安靜地用味蕾慢慢品賞酒中的美麗細節。

我原以為只有少數的黑皮諾紅酒可以有這樣的迷人質地，但Thierry在失憶之後所釀成的酒卻讓我發現，在羅亞爾河的Saumur-Champigny，卡本內弗朗也能達到這樣的境地。

失憶是痛苦的，靠著藥物的治療與酒莊的夥伴，Thierry慢慢找回過往的記憶。但從新釀成的酒裡可以看出，歷經遺忘一切，從頭再開始的經驗，已是可以受用一生的珍貴經歷。

葡萄酒的生死課

去Montirius酒莊時，女莊主克里斯汀（Christine Saurel）一開口就問：「你可以分辨有生命跟沒有生命的酒嗎？」因為是第一次被問到這個問題，我有點心虛地跟她談起一個月前在維羅納（Verona）品嘗十二款高檔Amarone della Valpolicella的痛苦經驗。「我一直覺得我是在喝用葡萄的屍體釀成的酒。」那是一種產自北義，葡萄先風乾後再釀造的超濃縮紅酒。我跟克里斯汀說，我忍耐了十多年，一直不敢講出來，因為那是義大利葡萄酒業最引以為傲的世界名酒之一。

彷彿受到鼓舞，克里斯汀開始談起葡萄生與死的問題。她和她先生Eric是法國隆河產區施行生物動力種植法的先鋒，他們認為必須用活著的葡萄才能釀成有生命力的葡萄酒！失去生命的葡萄會開始分解，那是死亡的力量，釀成的酒無法保有生命。他們相信，葡萄的生命源自葡萄樹的樹液，當葡萄樹不再供應樹液給果實，葡萄就已經死了，不會再成熟，雖然還留在樹上的果實可能因為水分蒸發而提升甜度，但此時已經完全失去生命。釀成的酒只是空有形體，卻獨缺生命力。

克里斯汀也提醒我葡萄生死的問題，跟風乾葡萄並沒有太多的關聯，她說，風乾也可以是保存與延長葡萄生命的方法，重點其實還是在於採收的時機，如果沒有太晚採收，即使做成風味濃縮的風乾葡萄酒，也一樣可以保有生命力。這讓我豁然理解到為什麼在瓦波利切拉（Valpolicella）產區也用風乾葡萄釀成稱為Recioto della

Christine Saurel

Valpolicella的甜紅酒，品嘗時卻常常顯得活力充沛，完全不同於常常死氣沉沉的Amarone干紅酒。大概是因為釀甜酒時，會較早採收葡萄以保留多一點酸味來平衡酸味，自然不會錯過保有葡萄生命力的採收時機。

在拜訪Montirius酒莊之前，我一直認為葡萄酒的生命感跟酸味有關，較多的酸味會讓酒喝起來生動活潑，彷彿在口中產生律動。克里斯汀卻說，那其實只是表象而非本質，比較早採收的葡萄確實酸味比較多，但酒中的生命來自活的葡萄，而不是酸味。為了證明，她特地從酒窖裡找出二〇一三跟二〇〇四年的Le Clos紅酒。這兩瓶瓦給哈斯（Vacqueyras）村的單一園紅酒雖然差距近十年，但喝起來都同樣像通電般充滿能量，活潑有勁，同時非常精緻均衡，應該都還有數十年的久存潛力。

我告訴克里斯汀這兩瓶酒裡似乎藏著許多酸味才會這麼有新鮮感與生命感。但她卻攤開雙手說，其實，它們的酸鹼值都高達四．〇。對於有受過基本專業訓練的釀酒師都知道，一瓶葡萄酒酸鹼值超過四已經屬於酸味嚴重不足，需要額外添加酒石酸來維持最基本的均衡，否則將很快變質無法久存。

但這兩瓶數值已經是瑕疵酒程度的Le Clos紅酒，不僅充滿生命力，而且顯然經得起至少十數年以上的瓶中熟成。當年還過度執迷於現代釀酒學定理的我，確實無能理解：生命，是無法用刻度來衡量計算的；感謝克里斯汀願意用這兩瓶珍貴的酒讓我

有眼界大開的機會，這是我二十多年的葡萄酒學習生涯中最重要的一堂生死課。

原生與選育

Stéphane Tissot

葡萄酒的釀造跟麵包一樣，最核心關鍵的工作，其實不是靠釀酒師或麵包師傅完成的，而是落在一群不需支付薪水的微生物身上。這些以釀酒酵母為主的單細胞真菌會將葡萄果實中的葡萄糖轉化成酒精和二氧化碳等副產品。在自然的環境中，酵母菌不只常見，而且經常附著在成熟的葡萄皮上，對釀酒師來說幾乎是自己送上門來的免費勞工。

不過，果皮上的微生物除了野生的釀酒酵母，也混有其他菌種，即使是釀酒酵母本身，每一菌株也一樣各有特性，讓釀造過程有許多的不確定性，畢竟生命總是自有進程，無法完全在釀酒師的掌控之中。為了方便控制，大規模工業化釀造的葡萄酒大多會採用人工選育的酵母。除了穩定和一致外，以特殊目的所選出的釀酒酵母也能讓釀成的酒具特定的風味，例如會產生香蕉香氣的71B酵母。但在意風土個性，少量精釀的酒莊則大多採用原生酵母，不過，也有例外。

釀製傳統法的氣泡酒，例如香檳，在進行瓶中二次發酵前，要讓發酵再次啟動，就必須在已完成一次發酵基酒中，添加糖和選育酵母。即使是強調降低人為干擾和減少添加物的自然派香檳酒莊，也都無可避免。原生還是選育酵母？其實難分優劣，通常二次發酵選用的酵母除了能適應高酸低溫的艱困環境外，釀成的酒香也較中性，並不一定就會完全掩蓋自然風土的表現。

採用原生酵母的執著常常是基於對自然與原生力量的相信與尊重，葡萄皮上的酵母們就已經在那裡了，刻意消除或抑制之後加入釀酒師挑選的選育酵母也許也有機會釀成更精彩的葡萄酒，但卻可能切斷了從微生物的角度與葡萄園風土的連結。葡萄皮上的微生物也許用眼睛看不見，但同樣跟每一片葡萄園的自然環境、葡萄農採用的農法，以及每年的氣候變化都有直接而密切的關聯。如果由此角度來理解，每一片葡萄園的原生酵母群當然也是風土拼圖中的一部分，而且可能是關鍵的那一片。

這也是為何有些氣泡酒的釀酒師，即使很難或不為法令認可，連瓶中二次發酵也要努力找出採用原生酵母發酵的方法，例如香檳區的Pascal Agrapart所釀造的EXP.12，即是採用舊年分的基酒添加新年分的新鮮葡萄汁做瓶中二次發酵。

不過在侏羅產區的自然派釀酒師Stéphane Tissot有一款命名為「原生Indigene」的侏儸氣泡酒（Crémant du Jura）有更出乎意料的完美解答，我常將這款酒當成傳統與創新互為表裡的成功之作。侏儸是法國僅有的兩個麥桿酒（Vin de Paille）產區之一，葡萄採收後會放在閣樓風乾兩、三個月才榨汁釀成甜酒。Stéphane Tissot在這款氣泡酒的基酒中添加了以同園採收的風乾葡萄所榨成的葡萄汁，既有同園葡萄的糖分，也有活生生的原生酵母，完全符應了原生之名。

只有在侏儸區，才能讓如此難得的瓶中二次發酵氣泡酒，信手拈來，全不費工夫。

INDIGÈNE
Bénédicte et Stéphane Tissot

走鋼索的葡萄酒

氧氣是葡萄酒的敵人，常是造成變質或產生怪味的原凶，但它同時也是葡萄酒之友，可以讓酒的香氣更豐富多變，口感更柔和協調。只是這樣亦敵亦友的關係變化多端，難以預測，一些因為過度氧化而釀造失敗的例子中，偶爾也有意外的精彩珍釀。

最近在布根地鄉間餐廳喝到，產自Valette酒莊一九九八年分，特別延長熟成版的普依－富塞（Pouilly-Fuissé）產區的單一園Les Chevrières，便是其中之一。那是一瓶在敵友難分的氧化鋼索上走了十七年，直到二〇一五年完成木桶培養後才裝瓶的詭奇酒款。這酒的風味實在太獨特了。後來遇到莊主菲利浦（Philippe）時，相問之下才知當年只產一桶，僅兩百多瓶，要運氣多好才能在小村裡的餐廳喝到啊！

Valette是布根地自然派的經典名莊，位在普依－富塞區海拔較低的Chaintré村。菲利浦所釀造的布根地白酒，因為都沒有添加抗氧化的二氧化硫，剛新釀成時，常會帶有一些蘋果系的氧化香氣，有時甚至有些香料或核桃般的陳酒氣息。但Valette的老粉絲們都知道，這些酒在經過數年的培養之後，卻出乎預料地會變得更加年輕新鮮，粗獷的氧化也逐漸消失不見，轉變成更精緻多變的酒香。

為了避免誤解或太早被喝掉，菲利浦常常在釀成後先培養三、四年才會將酒裝瓶上市，有時甚至更久。而且他總會在試喝新裝瓶的酒時準備一瓶更陳年的酒款當見

Produit de France
de Monsieur Noly
Domaine Valette
POUILLY-FUISSÉ CONTRÔLÉE
1999
Domaine à Chaintré 71570 France

證，例如最近品嘗二〇一四時，菲利浦特別開了一瓶仍然年輕新鮮的二〇〇二年。越陳年卻顯得越年輕，在一些老牌自然派酒莊的陳年老酒中算是稀鬆平常的事，但卻完全背反了釀酒科學對葡萄酒陳年的理解。

但這瓶一九九八年的普依－富塞卻又有些不同。這片位在全村最南端的Les Cheverières（現在已列級為一級園），當年在採收時因為有部分葡萄感染貴腐黴菌，糖分異常地高，以至於酒精發酵在後期天氣變冷後自然中斷，無法馬上順利完成。菲利浦不想添加選育酵母或加熱，選擇等待，也不添桶，期盼隔年春天時甦醒過來的原生酵母會將糖分完全發酵成酒精。

就這樣，橡木桶裡的酒真的慢慢發酵完成，但也因為沒有添桶而出現氧化風味，甚至還因醋酸菌發展出超量的揮發性酸。不過，菲利浦並沒有放棄這桶高酒精度、味道粗獷，看似不適飲用的白酒。他繼續讓酒在橡木桶中進行氧化式培養。宛如置於死地而後生，歷經了兩百多個月的培養之後，竟然蛻變成有如頂級Amomtillado雪莉酒的陳年風味，溫潤均衡，餘味綿長。特別是這瓶意外的陳酒，讓當晚套餐中，多道以黑松露調製的料理變得異常美味。

雖是一極端的意外滋味，卻也讓我再次相信：只要氧化夠深、夠久，就無需再擔憂看似恐怖的氧化威脅，反而可以長成更強韌的生命力。其實，跟養育小孩一樣，太多的保護常只會讓酒變得更加脆弱。

Philippe Valette（下）

原根的冒險

自己缺乏的，常常都會變成最珍貴的；但是不是最好，則是另外一回事。沒有嫁接，直接以原根種植在土地上的葡萄園，會成為許多歐陸釀酒師的美好夢想、知其不可為卻仍願冒險種植，最關鍵的原因就在於這樣的種法在歐洲幾乎已不可得。自一百多年前開始，若是沒有嫁接在抗葡萄根瘤蚜蟲病的美洲種葡萄砧木上，歐洲原生的葡萄品種通常活不了幾年就會因根部被蚜蟲咬食而枯死。

雖然現在歐洲相當少見，但放眼全球，原根種植的葡萄園在不少產區卻是頗平凡常見，如南美洲的智利，或澳洲的南澳產區，位置孤立，根瘤蚜蟲病仍未傳入，可以放心地將葡萄直接種在土地上，無須嫁接砧木。

歐洲少見的原根葡萄園，如葡萄牙Quinta do Noval酒莊的Nacional波特酒，或法國普依－芙美（Pouilly-Fumé）產區Didier Dagueneau酒莊的Astéroïde白酒，都是原根種植，也都是當地產區內最昂價的逸品級酒款。除了這些，二十多年來也品嘗過近百種產自歐洲各地的原根園。最常遇到的，是種在沙質地上的百年老樹園。因為根瘤蚜蟲無法在沙地上挖掘可辨識的通道回到根部，葡萄樹比較有機會逃過災害。如Tarlant酒莊的La Vigne d'Antan香檳，或是法國西南部的Producteurs de Plaimont釀酒合作社的Vignes Prephylloxeriques紅酒等等，都屬沙地葡萄園。

有一些法國葡萄農相信，嫁接砧木會讓樹汁向上流動時受阻，影響葡萄表現風土特

L'Enclos
des Remparts
FRANC DE PIED
Domaine Vacheron
VACHERON & FILS
VIGNERONS

SAINT MONT

色，因此即使冒著風險也要嘗試原根種植。但浪漫的熱情卻常帶著悲壯的陰影，如羅亞爾河Chinon產區的Bernard Baudry酒莊的Franc de Pied紅酒，現已因根瘤蚜蟲病而停產。

也在羅亞爾河的Henry Marionnet是種植最多原根葡萄園的法國酒莊，一九九二年種的加美種葡萄至今都還持續釀成稱為「Renaissance」的可口紅酒，相較同酒莊嫁接的加美，顯得更加深厚有活力。以無嫁接的方式還種了羅莫朗坦（Romorantin）等當地的四種品種，使得要與根瘤蚜蟲共存看來並非完全不可行。

上個月拜訪松塞爾（Sancerre）產區的Vacheron酒莊時也品嘗了二〇一四年分、無嫁接的L'Enclos des Remparts單一園白酒。僅是第三個年分便已頗具架勢，豐潤卻又冷冽多酸。原根新葡萄園，明知其不可，卻又偏要去做，確實頗動人；但若從釀成的酒來看，雖僅產六百瓶，確實也值得一搏。

Jean-Dominique Vacheron在L'Enclos des Remparts葡萄園。

SAINT MONT
Pédebernade
5
Vigne inscrite aux Monuments Historiques

來自智利的野性靈魂

二十多年來，擁有全球最佳自然環境的智利，已經成功釀製許多世界級的高品質葡萄酒。從最早的波爾多混調紅酒和夏多內白酒，到晚近的希哈、黑皮諾，以及智利專門獨家的卡門內爾（Carménère）紅酒。這些最具代表的葡萄酒風格都相當國際化，因為國內市場小，這些酒都是為了出口到全球主流市場所設計釀造的。雖然偏處遙遠的南美洲，但智利身為以行銷為導向最成功的產國，讓即使是在葡萄酒文化不及三十年歷史的台灣要認識理解其出產的葡萄酒，都沒有太多文化上的障礙。

搭上全球化的便車，智利葡萄酒在商業上確實相當突出，在全球競爭最激烈的超市葡萄酒貨架上有相當高的能見度和市占率。但當進入風土導向或個性導向的領域，智利葡萄酒即使品質優秀，但似乎缺少了一些更基本、更能激發熱情的元素。也許，就是所謂的靈魂吧！飲者很難從智利產的葡萄酒裡嗅聞出屬於當地特有的在地文化。這對一個有五百年釀酒歷史的產國，確實相當可惜。

但其實，在智利現代化酒業尚未觸及的晦暗處，仍藏著許多珍貴的寶藏。例如在智利的莫雷谷（Valle del Maule）產區，仍有一些小村裡的老農以古法世代種植著從西班牙傳入、現在卻特屬於智利的帕依斯（País）老樹。在這個中央谷地南方的重要產區，雖然現以卡本內蘇維濃和卡門內爾紅酒聞名，但莫雷谷也是智利歷史最悠久的葡萄酒產區，從西班牙殖民時期就開始種植，在Cauquenes省內仍保留超過三百年以

PIPEÑO
CORONEL DE MAULE

上的帕依斯葡萄園，以及無人工灌溉的佳麗濃（Carignan）老樹，是智利酒業跟在地連結最深的地方。

這些古園原本是用來釀造一種稱為Pipeño的粗獷葡萄酒，採收、去梗、擠汁全靠手工簡單釀造。通常完全無添加，新釀成即可飲用，沒有經過熟成培養，酒色混濁不透明；因氧化程度高，常為褐棕色，也帶氧化系的酒香，是智利農家日常佐餐的飲料。但長年來也常被視為不符國際標準的粗劣酒種，不僅不見容於外銷市場，在智利國內的市場也幾乎被工業化釀造的平價酒所取代而不復見。

但自然派的釀酒理念也慢慢滲透進這個智利酒業的邊陲地帶，例如這瓶二〇一八年的Pipeño, Coronel del Maule，是由曾經移居智利多年的法國釀酒師Louis-Antoine Luyt協助Perez家族所釀造的復刻版Pipeño。由八十六歲的葡萄農Sergio以Coronel del Maule村裡的一．五公頃帕依斯葡萄所釀成，多花崗岩沙的園中最老的已經三百五十歲，最年輕的也有兩百五十歲。

Louis-Antoine相信，帕依斯雖然果串大，顏色淺，不符現代釀酒師的標準，卻可以釀成粗獷又鮮美可口的紅酒。他將帕依斯比喻為嬉皮版的黑皮諾，帶著智利酒業最欠缺的——自由與野性的靈魂。

現在有最接近地氣的帕依斯葡萄釀成的Pipeño了，不要再說智利葡萄酒沒有靈魂。

Phtos by Louis-Antoine Luyt

去外面喝吧！

常有人說在酒莊裡喝的酒最好喝，特別是和莊主一起喝時。曾經我也這樣想，相信離家太遠的葡萄酒也許會有水土不服的時候。但我漸漸發現，同樣的一款酒，在不同的時間喝，風味可能不盡相同；有時，甚至變得恍如另外一瓶酒。經常要品飲自釀葡萄酒的釀酒師最瞭解這樣的情況，不只是每一個橡木桶的酒都自有個性，明明是同一個釀酒槽裡取出的酒，但相隔幾天再取，竟也會有頗明顯的差異。

但不僅僅是時間，即使在不同的空間喝，也常有驚人的意外。我的意思是，即便都是在拜訪酒莊時品嘗，在地下酒窖或是在品酒室都可能喝出極為不同的滋味。當然，並非所有的葡萄酒都有這麼明顯的變化，但一些自然釀造，沒有太多操弄，具有生命感的葡萄酒，似乎常有特別明顯的差異。

去過幾次Pupillin村拜訪Pierre Overnoy酒莊，每次去除了分到Pierre老先生做的麵包，都會有意料之外的新體驗。第三回拜訪時，和現在負責釀酒的艾曼紐（Emanuel Huillon）從Pierrer家的客廳帶著酒杯經過廚房，喝到酒莊外偶爾有車經過的馬路邊，無論是夏多內、普薩（Poulsard）或圖梭（Trousseau），每一杯的香氣都變得更加濃郁奔放，但更驚人的是，一到了室外，酒香也同時有更多的細節變化，有更清晰的面貌。

因為天氣還有點冷，回到客廳，杯中的酒突然之間又封閉起來，原本散發著柑橘系

Pierre OVERNOY
GAEC Emmanuel HOUILLON
Vignerons
Vin produit sans désherbant chimique

果香的夏多內瞬間又轉成低調沉悶的根系香氣。這一次的奇妙經驗讓我在遇到香氣較為困頓不顯的葡萄酒時，都有著想拎著杯子往外跑的衝動。也許，品酒會的最佳地點並非在空間密閉的高級飯店，而是更平凡簡單地走出戶外。

艾曼紐說，為了讓試喝的酒有更好的表現，自然酒釀酒學的創基者Jules Chauvet都堅持在室外進行品酒，即使是在寒冷的冬季也都要特別到室外品嘗。雖然聽起來有些詭怪，但現在連我都想要仿效了。開始想著將來在台灣辦的葡萄酒展跟品嘗會也都應該辦在室外才對。

如果只是喝酒時的空間不同，差異就可以如此巨大，如艾曼紐所說，因為太不一樣了，有時也會突然不認得自己釀的酒。那麼，建立在單次葡萄酒品嘗經驗的報告與評分還能有多少的意義與參考價值呢？看著筆記本裡已經塗改了兩回的夏多內品飲記錄，突然發現品嘗葡萄酒是一場生命的歷程，而不僅只是瞬間的體驗。

Pierre Overnoy（右上）
Emmanuel Huillon（右下）

自然派的界線

每回採訪釀酒師，無論一開始設定的是什麼樣的主題，最後總會不由自主地繞到自然派葡萄酒的討論，這似乎已成近年來的慣例。得到的回應從早年的不屑一顧或義憤填膺，到近年來多提倡相近似的理念，如有機耕作、原生酵母發酵、整串葡萄釀造、少萃取、少添加、原真地表現風土等等，但最後卻又常要刻意與自然派相切割，以免落入自然酒既有刻板印象中。其實，自然與非自然派的界線並沒有那麼絕對與不可跨越。

上個月趁著G3發表會前的小空檔詢問Penfolds首席釀酒師Peter Gago幾個釀酒上的小細節。這個以二〇〇八、二〇一二和二〇一四的三個年分的Grange混調成的高檔新品，讓我不得不聯想到西班牙第一名莊Bodegas Vega Sicilia同樣也是混調三個年分的Unico Reserva Especial。Peter Gago怎樣也不說混合比例，看來是很擔心明年二〇一四的Grange上市後大家會自己買回家調配。

Penfolds在釀造法上，有幾個跟主流釀法不太一樣的地方。一為木柵泡皮法，另一則是泡皮時間相當短，以至於在結束泡皮榨汁後，葡萄酒才在美國橡木桶內完成酒精發酵。在進行發酵的酒槽中，安裝木柵強迫葡萄皮完全沉入酒中以提升泡皮效果，在法國東部的隆河、薄酒來和布根地以及義大利西北的巴羅鏤（Barolo）都曾經風行過。至於未完成酒精發酵就榨汁，直接進木桶，則常見於採用二氧化碳泡皮法釀造

1844
Magill Cellar 3

Penfolds
RESERVE BIN 17A
Penfolds
BIN 128
SHIRAZ
Penfolds
BIN 150
Penfolds
Magill Estate
Penfolds
RWT
Penfolds
CELLAR RESERVE
CABERNET SAUVIGNON
Penfolds
BIN 169
Penfolds
Grange

的酒窖。即使非獨門，但Penfolds將兩者結合，仍相當特別。

問這兩個釀法的來源，Peter Gago說已不可考，在Max Schubert時期即已如此設定，歷任釀酒師也都將其保留，無論是在一八四四年創建的Magill 釀酒廠或是在巴羅莎（Barossa）谷地的新廠，即使釀酒設備不同，但都沿用此法，特別是幾款旗艦級酒如Grange、Magill Estate Shiraz、St. Henri和Bin 707等等。甚至也成為Penfolds的酒風特色。

木柵法泡皮不到一週就萃取出非常大量的顏色與單寧，入桶完成酒精發酵則提升了酒的圓潤度，也較容易產生揮發性酸。這種由醋酸菌在氧化環境下產生的有機酸，如果含量太高，會產生粗糙的酸味與醋化的怪味，在歐盟的規範中，濃度超過每公升〇．九公克就會被禁止銷售。不過Peter Gago似乎不太擔心，只要不要超過〇．八公克即可，因為他知道這些揮發性酸可以提升酒的香氣變化，也可以讓酒喝起來更有活力。

原來正是Penfolds在現代釀酒技術興起之前，就已經建立起來的釀造配方，讓其得以逃過為了符應市場需求與酒評家偏好，過度仰賴釀酒科技的風險。即使是隸屬於跨國酒業集團，有目不暇給的精品行銷花招，但有些酒本身，還是能保有一點點人本主義的風味，例如一直偏愛的、極為多變耐飲、有著自然天成般的均衡與細緻質地

Grange木柵釀造攝影，Penfold's G3發表會。（右上）

Grange木桶發酵攝影Penfold's G3發表會。（右下）

Peter Gago（左）

的Magill Estate Shiraz，以前我不太懂，為何這樣的酒竟然可以出自像Penfolds這樣的大廠。那些暗藏在木柵隔板裡，或者，骨董級的垂直榨汁機木條之間的酵母菌與微生物，也許正是Penfolds風味的祕密源頭。

從Max Schubert開始，近七十年來，Penfolds用一些看似危險，不符現代釀酒規範的老方法，成功釀出美味健康而且相當耐久的紅酒，這樣的經驗讓任何接任的新釀酒師都能跟Peter Gago一樣充滿自信的面對這些不確定性。Peter Gago說：「其實，對於釀酒，我們所知相當有限。」他舉單寧為例，說道，阿得雷德大學雖然研究了幾十年，但至今對單寧所知仍甚少。他又嘆口氣，再舉酒香酵母菌（Brettanomyces）佐證：「我們所有可以做的都做了，但它還是會出現在我們認為不可能出現的地方。」

我總相信，瞭解釀酒學的限制是成為一個成功釀酒師的捷徑，很高興在訪談間聽到Peter Gago說：「很多東西在分析報表上是看不到的，也無法用科學解釋。」這會讓一個釀酒師更加勇敢，不會被現有的釀酒規則所制限，並得以做出更適切的決定。受到自然派的影響，現在大部分的酒廠都開始嘗試採用原生酵母，但Peter Gago說，其實，早自二十年前開始，Penfolds的Pinot Noir和Saint Henri就已經是採用原生酵母發酵了，至今都沒有改變。

釀酒學常讓我們擔心這個、害怕那個，卻忘記了酒中自有生命，也一樣是自然整體的一部分。當一個釀酒師瞭解到這些，就會更珍惜酒的原貌，不會輕易地去調整或改變既成的葡萄酒。至於是不是自然派，其實只是名稱的問題。

脆脆的葡萄酒

越來越常在葡萄的試飲報告中讀到酒評家們用「脆爽」來形容葡萄酒，但液體的飲料如何是「脆的」呢？

「Croquant」這個法文字是用來形容有如咬一口青蘋果那樣的脆爽咬感，但現在卻常被用來形容紅葡萄酒的質地，特別是一些年輕、帶澀味的紅酒。英國的酒評家也使用類似的「crunchy」一詞來形容這樣的紅酒。與其相反的，是甜熟圓潤的豐滿質地。也許還是有些抽象，更具體的說，這好比是有彈牙咬感的義大利Spaghetti直麵條和台中城裡質地軟爛、幾乎糊成一團的大麵羹之間的質地差異。

這樣的形容詞也用在紅酒果香的形容上，脆爽的水果香代表的是新鮮乾淨，有點熟卻又還沒有全熟的水果清香，用來與甜熟濃郁的熟果香氣作區別。而這正透露了葡萄酒的脆爽咬感跟葡萄果實的熟度有著直接的關聯。帶有脆爽質地的紅酒若不是採用較早採收的葡萄釀造，就是產自海拔更高的山區或緯度更高的冷涼氣候區。

其實，在一九九〇年之前，波爾多左岸的上梅多克（Haut-Médoc）就是一個經常釀成脆爽紅酒的產區。對於晚熟的葡萄卡本內蘇維濃來說，波爾多是一個過冷的產區，唯有在上梅多克的礫石圓丘上，因鄰近大西洋與大河有北大西洋暖流的影響，才得以勉強成熟，釀造出爽脆均衡，相當耐久的高雅型紅酒。但現在或因為氣候變遷，或因為等葡萄更熟才採收，酒的脆度已經不如以往——除非是在比較冷涼的年

分，如二〇一二或二〇一三。

較不熟的葡萄有較少的糖分，會釀成酒精度低一些的輕巧酒體；配上較多的酸味與更為結實有彈性的單寧質地，讓酒體顯得苗條高瘦、敏捷有活力，品嘗時會感覺到味蕾特別地清醒有勁。而且更重要的，耐久的潛力也較高，經十年或數十年的瓶中培養之後，還能保有新鮮與均衡。當然，這僅是讓葡萄酒可以久存的眾多因素之一，但較之高酒精濃度或濃澀硬實的紅酒類型，爽脆型的紅酒在耐久的同時，卻較能保有鮮美與優雅的身段。

吃烏魚子時，老式一點的，會配上一片生的白蘿蔔；新式的吃法則是配上蘋果片；無論新舊派，都是用脆爽的咬感質地來解黏膩與厚重的完美示範。其實，和高酸味與堅挺的澀味所撐起的紅酒脆爽口感，都是同一路的味覺功能，在餐桌上更能擔負起更吃重的配菜責任。

但是，只有紅酒可以是脆的嗎？當然不是，白酒也可以很脆，只是白酒的脆源自於酸味，那是一種像水晶玻璃般透明、閃著亮光，更薄、也更易碎的脆，這另有專用的詞「crispy」，但那已經是另一個故事了。

PAUILLAC
LES FORTS DE LATOUR
GRAND VIN DE
CHÂTEAU LATOUR

無法演算的價值

Jurtschitsch酒莊（上）
Schloss Gobelsburg（下）

當人工智慧或程式演算技術在許多領域逐漸超越取代人腦，雲端運算甚至可以更快速、即時提供最佳的解答的同時，在葡萄酒世界中，卻有越來越多的精英酒莊捨棄科技，轉而投入更老派的手感式釀造。

例如，現在新式的榨汁機都備有多種榨汁的自動模式，釀酒師只需按一下按鍵就可以讓程式完美的運作，自動完成榨汁的程序。但許多酒莊，即使用的是最先進的機器，卻仍刻意切換成手動操作模式調整壓榨的速度和壓力。而運氣好有門路的酒莊，則已改採老式的木造垂直式榨汁機了。是頑抗地拒絕科技，或者，是為了釀成更迷人的葡萄酒呢？

一趟奧地利坎普塔（Kamptal）產區的小旅行，拜訪了兩家酒莊，我看見了一些沒有親身體驗就難以領會的解答。

悠曲曲（Jurtschitsch）酒莊的Alwin從二〇〇九年開始返鄉接手家族酒莊後，開始採行有機耕作與自然派的釀造法。悠曲曲是坎普塔區非常重要的歷史酒莊，自有的六十二公頃葡萄園中，有多達七片一級園（Erste Largen），而且包含了全奧地利最知名的歷史名園Heiligenstein。Alwin在這片陡峭向陽坡上的麗絲玲名園重新築起前一代為了方便機械耕作而打掉的石牆梯田，回復到百年前的葡萄園樣貌。

雖然因此必須手工鋤草與翻土，Alwin卻得以實現在葡萄園裡植樹的夢想，不用再擔心會阻擋耕耘機通過。雖然看似很不理性，但逐漸構築起來的葡萄園生態系統開始自然運作調節之後，有機耕作變得更加輕易省事，即使在二〇一五年這麼炎熱的年分，他的Heiligenstein依舊是那麼輕盈而有力，有著滿滿的礦石感。

在鄰村源自熙篤教會的歷史名莊Schloss Gobelsburg，從二十年前開始負責經營的釀酒師米歇爾（Michael Moosbrugger），在酒莊長達八百多年累積下來的歷史資料中探尋，他發現十九世紀初，在浪漫主義盛行的氛圍下，崇尚更自然與純粹的葡萄酒風格。於是，他著手以當時通行的釀製法為藍本，依循古法釀造兩百年前教會的復刻版傳統酒。

完全沒有使用自動控溫系統，手工採收的白葡萄經泡皮後也不壓榨就入木桶發酵，米歇爾還設計有輪子的酒槽，以利用室內和室外的不同溫度，將酒槽推進或推出酒窖進行自然溫控。釀成後再經兩年培養，以「Tradition」為名裝瓶上市。不同於現代釀酒法所強調的新鮮果香，如此釀成的麗絲玲和奧地利特有的綠維特利納（Grüner Veltliner）白酒，都保有深厚卻精巧的美麗質地，是現代釀酒工藝難以達致的完滿均衡。

從他們的酒裡，我看見了無可演算、屬於人文主義的價值。方法也許是復古的，但屏棄科技絕非其目的。人們總說要自歷史中尋得邁向未來的珍貴啟發，他們釀成的這幾款迷人白酒正是最能回應時代的偉大創新。

潔淨的自然

薩瓦（Savoie）是法國葡萄酒業邊陲中的邊陲，除了位處阿爾卑斯山區，葡萄園零星地分布在少數適合種植葡萄的山坡上，所採用的葡萄品種如賈給爾（Jacquère）、阿地斯（Altess）、蒙德斯（Mondeuse）、Gringet和Persan等，幾乎都是不見於外地的當地特有種。跟法國其他產區不同，這裡釀造的葡萄酒大多被歐洲各地湧入的觀光客在滑雪場與湖畔餐廳裡喝盡，僅有五%的酒外銷到海外。但即使如此，因風味非常特別，分布在世界各地、勤奮認真的個性酒商與侍酒師們，卻也讓薩瓦的精英酒莊得以出現在全球許許多多的美食餐桌上。Jacque Maillet便是其中頗受喜愛的一家。

他採用盡可能不改造葡萄特性的自然派釀法，只有在裝瓶時添加極微量的二氧化硫，有時甚至完全不加。從任何角度看，都是典型的所謂自然酒莊。但所釀製的酒風卻和一般常帶著氧化氣味、有些揮發性醋酸，或甚至受Brett菌感染的所謂自然酒非常不同。特別是他的白酒，用最簡單的方式釀造，卻成就出非常純淨、如明鏡般透明的風格。例如帶優雅白花香氣的Autrement Altesse，質地精巧，有靈巧的酸味，口感層次分明，喝得出酒中非常清晰的細節變化，卻沒有任何一絲的氧化氣味。

即使是薩瓦最常見，也最低賤的白葡萄品種賈爾給都可釀得純淨有勁，非常活潑有精神，如山中泉水般清澈，完全無遲滯或不明的氣味。而混調賈爾給和阿爾地斯兩個品種的Le Petit Canon更是在彼此截長補短中，成就出在白酒世界中極為難得的精

Jacque Maillet（右上）

細質地，與讓人胃口大開的鮮美果味。但若問起釀造的是否是自然酒時，他卻皺著眉頭，一副不想承認的樣子。

近期拜訪的幾家自然派酒莊都有跟他一樣的反應，並不想讓自己釀的酒受限於自然酒的刻板類型中。例如也在薩瓦的Les Vignes de Paradis，或者科西嘉的Lina Venturi-Pieretti，他們在釀造時也都不使用二氧化硫、只採用原生酵母，更不加糖或加酸，釀成的酒風都非常純粹乾淨，如Domaine Pieretti的招牌白酒「Marine」，以種在海岸邊的維門替諾（Vermentino）葡萄釀成，不只細緻多變，酸味漂亮，還帶著礦石氣，彷彿酒中就看得見葡萄園邊清澈湛藍的地中海水。

自然酒一詞確實常與被過度氧化、甚至變質，或遭細菌感染的葡萄酒風味連結在一起。氧化和帶著堆肥般的農莊氣息，也常被視為不添加二氧化硫的證明，甚至是自然酒該有的風味。帶氧化風格的白酒，或帶一點農莊氣息的紅酒確實都可以很迷人，但卻不應該是自然酒的標準。

有些早期的自然酒迷會習慣地用表象來取代本質，甚至質疑風格潔淨透明的自然酒，以至於讓一些自然派的釀酒師要刻意跟自然酒的名號保持距離，甚至劃清界線，以免落入被少數酒迷綁架的風險。

前述這些用自然派釀成的酒，讓我們見識到自然酒並非同質的，在風味的表現上也可能比添加二氧化硫的酒更為純淨。釀造精彩的葡萄酒有多種方法，跳脫制式的自然酒甚至有更多的可能。畢竟自然派的目的並不在於釀造不添加二氧化硫的酒，而是讓葡萄酒的風味更貼近葡萄本貌。如果是這樣，自然並不應該只能是骯髒的。

Jacque Maillet在二〇一七年退休，將酒莊交由Florian Courtet繼續經營。

橘酒不橘

前衛和復古的距離常常就只是在一念之間，吸引許多好奇眼光的橘酒正是如此。橘酒是最晚近才發展成的葡萄酒類型，源自一九九〇年代末在義大利東北部發起的復興運動。但這種看似新潮，以白葡萄泡皮為根基的最新流行，無論釀法和風味，卻可能和八千年前，高加索山區最古老的葡萄酒原型最為近似。

Oslavia是一個只有六百多人的義大利小酒村，卻是今日橘酒風潮的起始點，村裡的菁英釀酒師Joško Gravner受到產自喬治亞的Qvevri陶罐古酒啟發，放棄原本的現代釀酒法，從一九九七年開始嘗試以整串白葡萄在陶罐內進行發酵與泡皮，浸泡的時間長達數月之久。同村釀酒師Stanislao Radikon則用去梗的白葡萄在無封蓋的橡木酒槽中發酵泡皮，也一樣浸泡幾個月，比一般釀造紅酒的泡皮時間還多了好幾倍。

他們都採用氧化式的釀法，刻意不用控溫設備，也不添加二氧化硫保護，認真地萃取出葡萄皮裡的酚類物質，然後經過很長時間的培養，釀成的酒因為含有較多的黃色素和單寧，顏色比一般白酒深，酚類物質的氧化讓色調轉為琥珀或淡褐色，這正是橘酒名稱的來源。二〇〇〇年時，義大利最具影響力的葡萄酒指南《Gambero Rosso》針對Joško Gravner「全新風格」的一九九七年分白酒為文指出：「Joško瘋了，快回來，我們想念你！」氧化系香氣且帶澀味的詭奇風味，讓該年分的白酒有八十％被顧客退貨。

現在，他們是橘酒界的先鋒和明星酒莊。不僅有許多的愛好者，也有許多釀酒師受到他們的影響，開始採用白葡萄釀造長時間泡皮的葡萄酒，用陶罐當作發酵和培養的容器也越來越盛行。Joško Gravner仿效的釀製法，在喬治亞仍有流傳，將整串葡萄直接放入深埋地下的陶罐中封罐泡皮，發酵數月後連榨汁都不用，就可汲出飲用。方法雖然原始，風味粗獷，且常有揮發性酸，但以現代標準來看，即使稱不上美味，卻也仍值得一試。釀酒師們也開始發現，不只是在喬治亞，在歐洲各地也都有白葡萄泡皮釀造的傳統，只是在現代釀酒學興起之後逐漸消失。

不同於一般白酒的新鮮果香氣，橘酒常有較多香料與氧化系酒香，加上泡皮過程泡出單寧，口感常帶有澀味，較為剛硬結實，也帶一些野性。但不同的泡皮時間以及不同程度的氧化，都對橘酒風味和顏色產生影響，使得現在的橘酒風格越來越多變且難測，甚至難以定義。例如有些經過長時間泡皮的橘酒，因為氧化程度較低，酒色可能是金黃，而非橘色，甚至跟一般白酒在視覺上分不出差別。橘酒不橘還能叫做橘酒嗎？成為自然派酒迷越來越常見的疑問。

自然派興起之後，不時地打破葡萄酒原本牢不可破的分類與界限，橘酒的復興也一樣觸動了一連串驚人的創新運動。在泡皮重新成為白葡萄釀造的選項之後，葡萄酒世界多出了許多未曾有過的全新滋味。叫橘酒也好、泡皮的白酒也罷，在開始有越

來越多黑、白葡萄混釀的年代，紅、白酒邊界的消解，反而讓我們得以更貼近葡萄酒的真正本質。真實的東西只用眼睛是看不見的，放到葡萄酒世界大概就是這個意思。

Part V

騾子與賽馬

源自葡萄、風土與年分的缺憾，
卻常常釀成酒中最迷人的個性滋味。
完美的理型往往只是形而上的存在，
有足夠的勇氣和智慧接受並面對現實的不完美，
不足，自能轉化成生氣淋漓的真實之味。

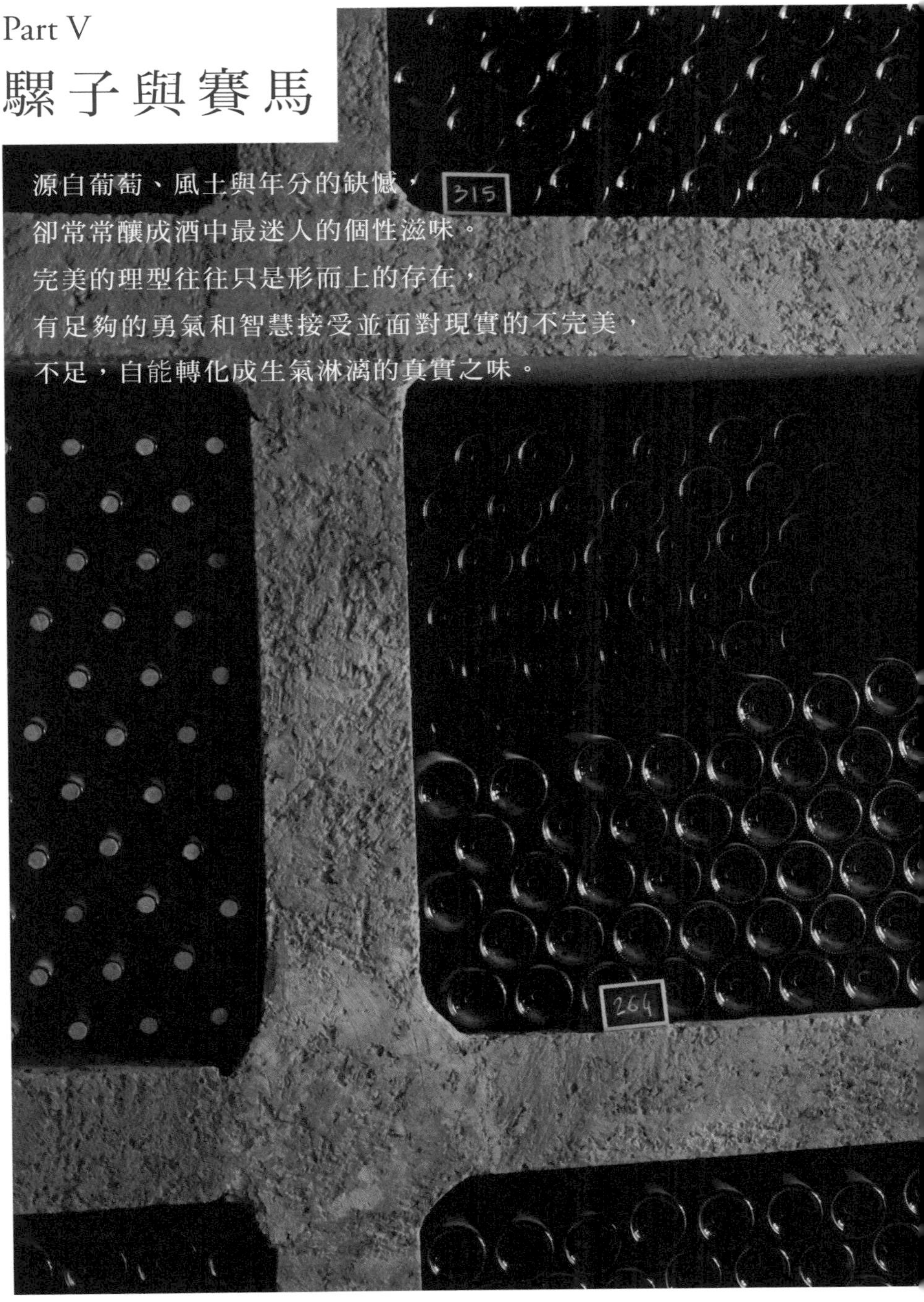

絕境中的美麗花朵

黑后葡萄。

以葡萄酒寫作為業二十餘年，這是第一次讓我覺得也許時候到了，該談談台灣本地產的葡萄酒。在我們這座釀酒環境相當艱困的亞熱帶島嶼上，葡萄農已經從自然的極端不足與葡萄的嚴重缺陷中，迂迴巧妙地釀造出幾款全然自成一格的珍貴美釀。如果不是過於天真和上天特別眷顧，這是唯有對腳踩的土地有足夠深的理解和自信，加上聰慧的創意發想與永不放棄的決心，才得以達到的境地。

對於台產葡萄酒，一直相當悲觀，相較於拜訪過的，全球數十國的數百個產區，沒有任何一個地方的環境像台灣這麼困苦，有這麼多的難題要克服。台灣偏處亞熱帶，氣候濕熱，不適源自溫帶的葡萄。除了生長季剛好是連綿無盡的梅雨期外，冬季溫度不夠低、沒有冬眠期、必須透過催芽劑，例如二氯乙醇，才能讓葡萄均衡穩定地發芽，加上破碎不全的產業鏈，讓大部分的酒廠只能自求生滅，難有外部的設備與技術支援，

環境已如此，釀酒葡萄品種甚至更糟，全球高級葡萄酒一律採用的歐洲種葡萄（*Viti Vinifera*）完全無法在台灣的環境裡種植，即使能發芽，也難以開花結果。島上唯有的幾個釀酒品種，如金香、黑后和極少見的木杉都是混有美洲種葡萄的人工雜交種。從專業的角度看，這些在國際上沒沒無名的雜牌軍們，除了較能適應台灣濕熱的環境外，幾無優點，但缺點卻是細數不盡：金香酸少、低糖，帶狐狸味；黑后高

酸、粗獷、多草味；木杉雖頗多果香，但酸味卻常不足，這些都是釀造精緻白酒與紅酒的致命傷。除了逃避和掩飾，台產葡萄酒還能有什麼可能呢？

在后里，樹生酒莊所產的「埔桃酒」是將金香葡萄的所有缺陷轉為迷人特質的極致。這款加烈甜白酒透過在無溫控的鐵皮屋裡，歷經五個寒暑的橡木桶熟成培養，讓金香的粗獷氣味在台灣中部的炎熱氣候中，加速轉化成氧化式的陳年風味，即使酸味不多也能與甜味保有帶巧勁的平衡感，是頗少見既可暢飲，卻又耐人尋味的氧化陳年加烈甜酒。

在台中，威石東酒莊的「Gris de Noirs」淡粉紅氣泡酒則是將黑后在釀造紅酒時甜度不足又酸味極高的缺陷，兜轉成氣泡酒基酒的完美優點，採用源自香檳的瓶中二次發酵法，十八個月的泡渣歷程，培養出細緻的氣泡，也將粗獷的草味化成新鮮香草，甚至也有了紅色漿果系香氣。但更重要的是，有著氣泡酒最不可或缺的力道與活力。

我總相信葡萄酒業的最佳狀態是自然天成，但在台灣，沒有任何的經典可以追尋，只能在絕望的邊境中，靠著「不妨試看看！」的奇異發想，摸索著走出自己的幽微小徑。因為知道環境實在太艱難了，當品試到精彩的台產葡萄酒時，心中總是特別感佩無畏無懼、異想天開的島民精神！

WEIGHT
STONE
VINEYARD ESTATE
AND WINERY
TAIWAN

註冊
樹生
源
十七世紀
埔桃酒
越陳

脫魯的滋味

Domaine de la pépière 一九八六的陳年Muscadet，仍然相當有活力。

每年歲末年初之際，常會被問到葡萄酒市場上新的潛力產區，腦中閃過的答案常常像是心中的期盼。幾年下來，名單中如法國阿爾卑斯山的薩瓦產區（Savoie）、西班牙在大西洋上的加那利群島，都還沒有真正的實現過，這裡要談的蜜思卡得（Muscadet）也是其中之一。「總有一天吧！」既像是安慰，也像是欺騙自己。

這個現下超市裡常見的低價白酒產區，在市場中，甚至酒評家的眼中，長期被當成清淡如水，簡單易飲的白酒代名詞。因帶一些海水與礦石系香氣，適合佐配生蠔；又因酒價極其低廉，是買不起香檳或夏布利白酒時的最佳替代品。但頂級酒中常被特別關注的風土特性或甚至於葡萄園分級，在檢視蜜斯卡得上，卻很少人在意過，甚至不被認為存在這樣的可能。

在頂級葡萄酒日漸精品化的過程，對於酒迷最大的困擾在於原本熟悉，日常可以隨時來一杯的葡萄酒，逐漸變成頂尖明星產區。當它晉身為菁英名莊之後，就變成只能偶爾喝上一杯的奢侈品；或甚至，成為只能望名興嘆的難尋逸品。但其實，只需稍稍離開眾人聚焦的熱門產地，隨處都還有像蜜斯卡得這樣，曾是葡萄酒世界裡的魯蛇，但卻已經開始散發光芒的珍貴璞玉。

蜜斯卡得位在離法國大西洋岸不遠的羅亞爾河岸邊，主要種植的品種因葡萄的果粒很大，稱為布根地香瓜（Melon de Bourgogne）。不過，跟香瓜的濃香與甜潤不同，

Servir 1986

蜜斯卡得的香氣相當低調平淡，以青蘋果為主調，很酸，卻少有圓滑的質地。若從偏愛酒香奔放，口味濃縮的慣常標準來看，實非良種。但若就反映風土，卻是最乾淨的通透明鏡。特別是大西洋的海水滋味，很容易就透過海潮礦石系的酒香以及有鹹味感的餘味顯現出來。

也因為內斂低調的特性，布根地香瓜還能跟同是原生自布根地、基因相近的夏多內一樣，將蜜斯卡得區裡各式的火成岩與變質岩像是片麻岩、雲母頁岩、板岩、花崗岩、閃長岩等等，都變成一瓶瓶裝滿土地風味的迷人白酒，有如可以喝的地質標本。例如在Clisson村的花崗岩沙，會讓冷酷系的布根地香瓜釀出蘊藏熱情的豐滿滋味。或如產自蛇紋岩的蜜斯卡得，有結實酸味與豐厚酒體，散發著礦石與熟果，有如在炙熱岩石上焙烤過的杏桃香氣。

但對我而言，最震撼的是Gorges村的輝長石所孕育出的最堅實硬挺的蜜斯卡得白酒，須歷經至少兩年，有時長達五年，長存於地下酒槽的泡渣（sur lie）製程，以柔化堅硬的酸味，是最耐久存的蜜斯卡得。充滿力道與生命感的壯闊酒體，即使是用經典風味的標準來看待，都稱得上是足以媲美世界級頂尖白酒的精彩珍釀。

雖然現在這些讓人驚艷的白酒還僅只占當地微小的比例，但遼闊無竟的精彩葡萄園都已經在那裡了，已足以讓我們期盼和預想一個明亮的脫魯未來。

經二十八個月sur lie培養的Gorges。（上）

Brégeon酒莊的地下酒槽。（下）

賽馬與驢子

小時候，我爺爺常跟我說：「你是驢子就不要總想著當賽馬！」在品嘗由他釀造，二〇一六年普依－樓榭（Pouilly-Loché）村四季園（Les 4 Saisons）白酒時，奧力維．吉魯（Olivier Giroux）突然插上這一句話。因為太專心試喝這款很少單獨裝瓶的平價單一園，隨口就說：「很殘忍的爺爺，小孩子應該要有夢想！」一正後悔才第二次碰面，回應得太直接。奧力維卻微皺著眉認真地說：「其實大部分時候驢子都勝過賽馬，有更高的負載力，更強的耐力與適應力，但故意把長耳朵遮蓋起來也不可能跟賽馬比速度。」

意會過來之後才發現，原來他要說的是，他的四季園是優秀的驢子，並不會裝扮變成像蒙哈榭（Montrachet）這些名聞全球的特級園白酒，也請不要拿賽馬的標準來衡量它。這確實是一款非常美味外放的夏多內白酒，有撲鼻的花果香氣，豐潤可口之餘還有爽口酸味，雖然全在橡木桶發酵培養，但卻無任何木桶雜味，反而有夏多內少有的清純可人之美，是相當完美的開胃與佐餐酒。

此園位在村北低矮的坡地上，表土相當深，黏土中混著沙子，少有布根地為傲的石灰岩，適合釀成美味型的夏多內，卻較難有精緻靈巧的質地與帶礦石感的風味。在未來的一級園分級中也早已確定被淘汰出局，但可以如此好喝，除了不能賣太貴，沒有列級又如何呢！

RÉVÉLATION
Clos des Rocs
2003
POUILLY-LOCHÉ

位在靠近蘇茵河平原的普依－樓榭村，是布根地南邊馬貢區的村莊級產區，雖說以生產夏多內白酒聞名，但村內葡萄園的海拔較低，酒風較為豐潤圓滑一些，可口易飲居多，稱得上菁英風味的大概只有Les Mûres一處，是村中最有可能入選一級——賽馬等級的葡萄園。而奧力維在此園擁有超過四公頃的葡萄園，是最大的地主，其中還包含一片有石牆環繞的獨占園Clos des Rocs，可能是村中最偉大，但也較不平易近人，需要更多時間等待的酒款。

在極度講究葡萄園分級的布根地，每一片園的價值，大多早已命定，少能翻身，除了極少數的例外，一般的村莊級園很難受到跟一級或特級園一樣的注意。分級的標準不外乎是葡萄園的朝向、山坡角度、土壤結構、葡萄酒風格與歷史聲望，雖然極具參考價值，但卻也頗易淪為過度單一的價值評斷。社區的野球聯誼跟大聯盟的競技場當然有技藝高下之分，但周末下午的業餘球賽卻提供常民生活中更真切的運動體驗。

感謝奧力維讓我在拜訪酒莊時，也得到一個珍貴的寓言故事，對分級過度執迷的下場，便是浪費太多心神與金錢在只能悉心收藏的珍稀名釀，因而白白錯過了許多精彩迷人、隨時可以來上一杯的美味葡萄酒。

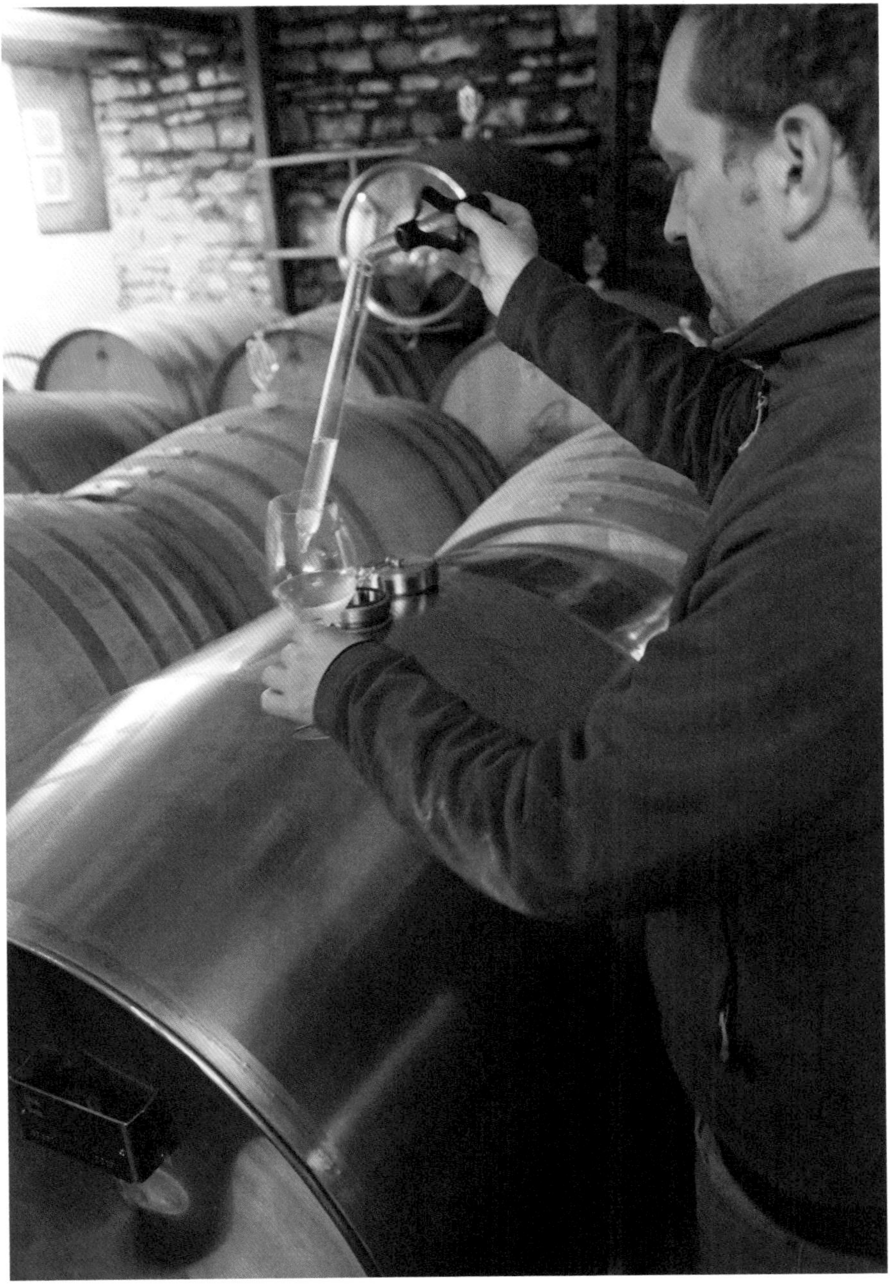

凋零中的永恆真滋味

二〇一二到二〇一四年間，在波爾多拜訪了三百家的城堡酒莊，大多為區內最知名的頂尖名堡，其中最難忘的一家，是瑪歌（Margaux）產區裡的Château Bel Air-Marquis d’Aligre，不是特別知名，也沒有被列級，但卻最讓人衷心感念。莊主Boyer先生自一九四七年開始參與釀酒，至今，已有六十六年，但在他的酒莊裡卻完全看不到時代的演進，老先生用一種全然抗拒潮流的固執，讓時光凝滯在酒莊門外，閉門釀著他所堅信的傳統Margaux紅酒風味。對照半世紀以來隨潮流兜轉多回的波爾多酒業，他釀的酒成為一面最通透的時代明鏡。

「你得先找好離開的藉口，不然老先生會聊上好幾個小時。」我請Ch. Desmirail的莊主Denis Lurton幫忙約採訪時，他善意地提醒我。第一次去，到晚上九點多才離開；第二次去，走時竟已近午夜。「是別人變了，幾十年來，我的釀法都沒有改變，但現在人們卻說我是怪胎。」老先生說這話時，雖有些不平，但似乎又帶點得意。他確實值得為自己與眾不同的作法感到驕傲，特別是他那些藏於酒莊內、可上溯至一九四七年、驚人地耐久且美味的Margaux紅酒。

順應潮流也許是通則，但不一定是真理。現在所有的酒莊都採用橡木桶來培養紅酒，但Boyer先生在一九六〇年代末就不再使用橡木桶，全都在水泥酒槽裡培養。現在大部分的梅多克（Médoc）酒莊都以卡本內蘇維濃和梅洛為主釀造，他的葡萄園

CHÂTEAU
MARGAUX
1999

裡還有三分之一是卡本內弗朗、馬爾貝克（Malbec）和小維鐸（Petit Verdot）。現在所有的酒莊都有控溫設備，他卻仍然可以靠自然調節溫度釀造。近年的波爾多紅酒酒精度常超過十四%或更高，但他的仍只有十二或十二．五%，而酒色更是淺淡，絕非現今常見的深黑紫色。不同於波爾多名莊在二〇一三年四月就預售二〇一二年，他同年上市的最新年分卻是經八年熟成的二〇〇五年。

這些，都讓Château Bel Air-Marquis d'Aligre成為現今最不典型，也最不跟得上潮流與釀酒科技的梅多克酒莊。但最弔詭的是，Boyer先生用著老式過時的方法所釀成的紅酒，雖然色淡，亦不濃厚，但質地優雅，有著多變細節，卻可能是最接近舊式傳統的梅多克紅酒。也許沒有釀酒技術的操弄，沒有橡木桶所帶來的妝點，反而能展現葡萄酒最原真與純粹的美貌，也更能耐久。

十三公頃的葡萄園位在瑪歌最西邊靠近森林邊的礫石地，隔著一條馬路與Château Margaux產白亭（Pavillon Blanc）的葡萄園相鄰。過去常有霜害，現在有多家列級酒莊也在附近擁有葡萄園。跟年邁的Boyer先生一樣，他的葡萄園也日漸衰老減產，甚至有大半已凋零枯死，僅餘幾株老樹孤單挺立。雖然有些傷感，卻是園如其人的最佳寫照。在財團與列級酒莊環伺的瑪歌區，這樣的風景大概不會再多有了，但記憶與見證還會一直留在Château Bel Air-Marquis d'Aligre的迷人陳酒之中。

BEL AIR

生食與釀造

德拉維爾（Delaware）是一種源自美國，但在日本和韓國都頗為常見的生食葡萄，小小果串，皮薄，顏色淡紅，但最引人注目的，是其直白外放，如香水般的花果系香氣，更因為太香了，難免讓人聯想到古早味口香糖裡的葡萄口味人工香精。新鮮吃的時候已經如此，釀成葡萄酒之後，酒香更加濃郁奔放，太多、太直接了，不太像是能釀出細緻風味的釀酒葡萄。

但奇妙的是，兩、三周之間相繼有三位日本釀酒師來訪，而他們都使用德拉維爾釀造出風格非常多樣的葡萄酒。其中有幾款甚至釀出相當內斂深厚、多變且耐飲的格局，看來只要用對方法，連生食葡萄也不該輕忽小看。

這個因為原產自美國賓夕法尼亞州德拉維爾郡而得名的混血種葡萄，歷史相當悠久，在十八世紀就已經有種植紀錄，可能是由歐洲種葡萄（*Viti Vinifera*）和美洲種葡萄（*Viti Labrusca*）雜交產生的新種。雖有美洲種的基因，但並沒有明顯的狐狸系香氣。在美國主要用來釀造平價易飲的酒種，如多香氣的白酒、淡粉紅酒以及氣泡酒，跟日本自然派釀酒師更具個性的詮釋全然不同。

最近品嘗的十款日本德拉維爾來自山形縣、宮城縣以及大阪市郊共三個產區，但同樣的品種卻釀成氣泡酒、白酒、橘酒、新酒跟粉紅酒等繽紛的多種樣態。其中最成功特別的，是幾款在陶罐中進行發酵和培養的橘酒。尤其是目黑浩敬所釀造的

花田酒莊以Delaware釀成的自然氣泡酒Lambrusca。

Fattoria al Fiore, Anco, Delaware, 2018，以手工採收的德拉維爾去梗後，一半放進陶罐中進行長達六個月的發酵和泡皮，另一半則在不鏽鋼槽中釀造，完成榨汁後再調配在一起。

陶罐的培養讓德拉維爾發展出海水般的氣息，也多了一些香料系的香氣；不鏽鋼酒槽則保留新鮮跟果香，而長達六個月的泡皮過程則讓酒在前段的發酵期先泡出結構，再慢慢地在酒精發酵之後，柔化與熟成，讓酒的質地完滿協調，即使僅是十一%酒精度的酒，卻有出乎意料之外的渾厚酒體。

陶罐和不鏽鋼槽的調配也許是目黑浩敬的小偏方，但他在二〇一五年才從義大利餐廳花田小館（Fattoria al Fiore）主廚轉業創立酒莊釀酒，僅只是數年的經驗就把專業釀酒師都難以駕馭的德拉維爾釀成香氣優雅、酒體深厚的難得樣子。原以為他有過人的釀酒天分，但後來發現，他的祕方在於他把葡萄和酒看成有生命的個體，用對待朋友般的溫柔方式對待葡萄和葡萄酒。如果可以釀出生命的整體感，我想，即使是生食葡萄，應該也可以成為優秀的釀酒葡萄。

藤丸酒莊以Delaware葡萄釀成的陶罐橘酒。

ORANGE DELA
甕仕込み

消失的烤土司香氣

年紀越大似乎越能欣賞酒中的陳年香氣，雖然少了鮮美、清新與青春感的滋味，卻更顯深邃迷人。這包括了一些上市後陳放數年或甚至十餘年的老香檳，除了酵母，菌菇、蜂蜜外，也常有烤土司、餅乾、榛果、香料麵包、咖啡、奶酥麵包、太妃糖、煙燻等，更豐盛、也更甜熟奔放的焙烤系香氣。

這些香味常讓人聯想到在新橡木桶發酵培養的白酒。但其實，大部分商業大廠的香檳都不曾進過橡木桶，少數的例外有Krug、Bollinger等採用二十五年以上的老桶發酵，近年也有越來越多酒廠用木桶培養較高級的酒款，甚至造成小流行，但比例還是不高，至於全新木桶不只少見，也頗有爭議。

這一類的香氣若不是源自木桶，就很有可能跟炒洋蔥、煎牛排、烘焙咖啡豆或烤麵包的濃郁香氣一樣，源自於頗常應用於烹調的梅納反應。那是透過含有蛋白質與糖或澱粉的食材在高溫下的褐化過程產生濃香，甚至改變味道的作用。香檳因為在瓶中進行二次發酵，酒中混有由蛋白質所構成的酵母菌，除渣封瓶時也會添加糖分，加上梅納反應在低溫下只要時間延長到數月或數年也可能產生，因此，無木桶陳年的香檳裡也有烤土司香氣，便顯得合情合理了。

或因為全球暖化，或因葡萄農降低產量，讓香檳區的葡萄可以成熟一些，釀成的氣泡酒不會過於酸瘦，多一些果味，口感也圓潤一些，封瓶時只加一點點糖就可

CHAMPAGNE
Les Hautes Chèvres
Georges Laval
CUMIÈRES PREMIER CRU
BRUT NATURE
Millésime 2009

以達到均衡，甚至也有酒莊所有的香檳都完全不添加糖，如Georges Laval或Cédric Bouchard。也有越來越多家香檳大廠推出無加糖的香檳，如Ayala和Drappier的Brut Nature或Pol Roger的Pure等等。

一般而言，Brut Nature是含糖量最少的香檳類型，每公升介於〇公克到三公克之間，通常是在除渣後完全沒有添加、只是發酵時留下來的殘糖而已，也可能會標示為Zéro Dosage，表示在二次發酵後重新封瓶前沒有再額外加糖。要釀造這樣的香檳通常會選用較成熟的葡萄釀造，或者，延長泡渣的時間，讓酒變得更豐潤後，再除渣上市，便可以免去酸味太強或酒體較瘠瘦的問題。

在葡萄酒世界中，香檳常自有邏輯與秩序，即使其他產區與酒種都以加糖為惡，但香檳在釀造過程卻經常性地多次添加，且每公升達數十公克之多，現在看來，在封瓶時，如果少加了，還有可能影響陳年之後的香氣表現。加糖的目的除了均衡酸味，提升酒體，也可以埋下日後能發展出更濃郁、更多樣變化的陳年香氣因子。自然無添加雖已是現在葡萄酒業中最政治正確的趨勢了，但這波流行在香檳卻也不全是那麼絕對。至少，加一些以保住讓老酒迷們懷念的老派招牌烤土司香氣。

BRUT
NATURE
LE MESNIL-SUR-OGER
GRAND CRU
CHAMPAGNE
ANDRÉ JACQUART
BLANC DE BLANCS
MESNIL
EXPERIENCE

顛倒黑白的葡萄

西班牙的釀酒師們總是能讓我們對一些毫無特色、總覺得該被淘汰的品種，一再地跌破眼鏡。這次輪到艾比歐（Albillo）了，這是最近一次的西班牙旅行中最大的意外。

從十多年前開始，有機會喝過一些產自西班牙中部最知名的紅酒產區——斗羅河岸（Ribera del Duero）的白葡萄酒，採用的，多是稱為艾比歐的白葡萄。雖然稀有，但在一些種植田帕尼優（Tempranillo）的老樹園中，卻還算常見，是黑葡萄混種一點白葡萄的老傳統。但單獨把這些艾比歐釀成白酒卻又是另一回事了，從品嘗過的樣品來看，大多肥膩粗獷，也不太有活潑生動的生命力道，更致命的是常在新橡木桶內發酵，釀成帶有濃重木桶氣味的白酒，總覺得，不喝其實也沒什麼損失。

當然，斗羅河岸的白酒也有一些釀得還不錯的例子，例如Goyo Garcia Georgieva酒莊的Blanco，透過發酵前的低溫泡皮和之後的低溫發酵，釀成香氣相當奔放，帶有豐潤質地的白酒。雖然釀酒技術似乎凌駕於葡萄本質，但至少還頗為可口。另外新生代的菁英手造酒莊Dominio del Águila，也用老樹產的艾比歐釀成另一種格局的白酒，透過整串葡萄浸皮後再榨汁，酒的質地硬實，風格頗為雄偉，但卻有難以親近的嚴肅樣貌。也許還有潛力未被發掘出來，但目前斗羅河岸最好的艾比歐大概就是這個樣子了。

在距離首都馬德里西方六十公里遠的Gredos山區，以釀造酒體極其輕巧的格那希（Garnacha／Grenache）紅酒成為現今西班牙中部最受矚目的新興老產區。去年實地到訪時卻發現當地產的白酒也一樣潛力驚人，這些大多產自高海拔花崗岩沙地的白酒有著非常不同的格局，酒體雖然基底豐厚，酸味也不特別多，但卻有新鮮與爽脆感，混著鹹味與一點苦味，竟然有精巧之感，喝來頗為開胃。香氣則是新鮮的地中海香草與柑橘香氣的混合。

這些美味白酒所採用的葡萄品種，也叫艾比歐，一種我原本認為缺乏均衡與新鮮感的平庸品種。但這回拜訪四家酒莊，品嘗的八款艾比歐白酒卻是每一款都既均衡又新鮮爽朗，讓我一時忘了此行的目的其實是為了格那希紅酒。但這和斗羅河岸的艾比歐真的是同一個品種嗎？

其實在西班牙，艾比歐是兩個不同的白葡萄品種共用的名字，分別是Albillo Real和Albillo Mayor，這兩個品種以前都單單只叫做Albillo，也都生長在西班牙的中部高原上，酸味一樣不高，口感都相當圓潤，兩者在外表上並不太容易區分。大致上來說，馬德里產區大多是Albillo Real，斗羅河岸則可能是Albillo Mayor。兩地的白酒有不一樣的均衡感與風味的差異，除了肇因於風土，也可能因為它們根本是兩個相異的品種。

在Gredos當地參與多個釀酒計畫的釀酒師Fernando Gracia說：「艾比歐其實比較像是黑葡萄，汁少肉多，有雄偉酒體與多層的質地，很容易就釀成有結構的酒。」而且跟其他產白酒的葡萄不同，在溫暖炎熱的年分，艾比歐反而有更好的表現，即使酸味不高，仍然可用爽脆感和新鮮感平衡略顯龐大的酒體，例如由他所釀造的Marañones酒莊的單一園白酒Pies des Calzo，即使在炎熱的二〇一七年，這些種在貧瘠乾燥粉紅花崗岩沙地上的艾比歐老樹，卻釀成了質地層層堆疊，同時充滿活力和新鮮感的美味白酒。

艾比歐在這裡可以如此成功，高海拔、高溫差的環境，配上西班牙少見的花崗岩沙葡萄園以及粗放種植的老樹，也許是主因，但跟釀酒師的見識和體悟也一樣有所關聯。Fernando Gracia認為他們所擁有的是兩個彼此互相矛盾、黑白顛倒的品種。這並非哲學的語言，而是他洞見了其他釀酒師意會不到，葡萄品種皮相之外更深刻的本質。白葡萄Albillo Real像黑葡萄，黑葡萄格那希卻又像是白葡萄。

他在自家酒莊Comando G所釀造的多款格那希紅酒，色淺而多汁，重律動而少結構，像是內藏著白酒因子的詭奇風格，有通電般的能量活力。通常，我只會在像麗絲玲這樣的白酒中感受到。能夠像Fernando Gracia這樣，將黑白葡萄倒過來理解的釀酒師，要釀出震懾人心的驚世傑作，無論紅酒還是白酒，都應該難不倒他。

Bodega Marañones酒莊的Albillo Real老樹園。（上）
Comando G釀酒窖（下右）
Fernando Gracia（下左）

找回赤子之心

每一天，電子信箱裡都會收到數封葡萄酒商的促銷專案或新品上市的郵件，裡面常常充斥著許多量化的數字：酒評家 Robert Parker 96分、葡萄酒雜誌《Wine Spectactor》百大第十二名、義大利葡萄酒指南Gambero Rosso連續十年獲得三個杯子，或者英國雜誌《Decanter》五顆星評價。也許葡萄酒太複雜難解，而數字人人都懂，久了，大家也習以為常，常聽酒商抱怨，沒有分數的酒就是賣不動。

除了靠數字建立品質與權威，信中也常有直接標示類似「比國際均價便宜十％」或「買五搭一」這樣的宣傳重點。從這些數據，常常可以歸納出一些非買不可的選項，例如評價最高、價格卻最低的高CP值葡萄酒。貪便宜是人性弱點，我確實也曾經買了不少非常超值，卻一點也不想喝的葡萄酒，現在回想起來，實在一點都不值。

不只是這樣，在我的數十本品酒筆記裡也常記錄著許多可以量化的數字，像酒精度十四．五％，酸鹼值三．三，三十％去梗，四星期泡皮，十八個月橡木桶培養，三十五％新桶，年產一千五百瓶，八十五年老樹等等。從理性專業的角度看，這些數據看似重要關鍵，但卻也常讓我誤解，錯過了許多迷人的葡萄酒。這與依據身高、體重、三圍和薪水來挑選交往的對象其實也差不了多少。

小王子說：「大人們對數字特別有興趣。……他們沒辦法想像這房子的美。你必須

LA GITANA
MANZANILLA
LA GITANA
LA GITANA
VINICOLA HIDALGO Y CIA S.A
2º CENTENARIO 1792 - 1992

告訴他們：『我看見的是一幢價值十萬法郎的豪宅。』他們才會讚嘆：『噢，好漂亮啊！』」

在一本葡萄酒書裡，意外地讀到這一段小王子的對話，才赫然發現，我也忘了自己曾經是一個小孩，現在卻已經變得跟以前討厭的大人一樣，除了數字之外，其他的都常常被忽視或漠不關心。已經不太確定上一次因為聞到酒裡如清晨沾滿露水的小白花香而高興不已是什麼時候了。但我仍記得第一次是一九九九年春天，在塞維亞（Sevilla）塔巴斯酒吧裡喝到的一杯只要一〇〇Pesetas（約〇．六歐元）的La Gitana雪莉酒。

這瓶由Bodegas Hidalgo酒廠所釀造的Manzanilla類型雪莉酒，是一種口味特干的雪莉，因在靠海的Sanlucar城內培養，桶中有最厚的酒花酵母菌漂浮在酒面保護，酒風最為細緻輕巧，是當年在城內酒吧中最受歡迎，人手一杯的雪莉酒。

雖然眾人狂喝雪莉的塔巴斯酒吧已經不多，但我相信即使隔著再遠，只要再喝上一杯La Gitana，就足以找回那安達魯西亞式，吵雜無停歇的歲月靜好，以及為陳規所困住，已然消失許久的赤子之心。

PRODUCTOR:
SPÍNOLA
HARVEST
MANZANILLA
LA GITANA
BODEGAS
HIDALGO
15% vol.
75 cl
LUSTAU
FINE SELECTED WINES
Manzanilla
PAPIRUSA
SANLUCAR DE BARRAMEDA
FORTIFIED
WINEMAKER
of the YEAR

ABIERTO
25 HORAS

慢慢等的滋味

一九八九年大學畢業，當了兩年的戰車兵，在法國唸了五年的書，之後的十八年間來去全球各地的葡萄酒產地，完成了十多本書，也換了已經難以計數的情人，相隔二十多年，拜訪吉烈特堡（Château Gilette）時，酒莊上市的最新年分，竟然是一九八九年，晃過了大半的人生，當年初釀的新酒卻才剛剛開始進入了適飲期。

在波爾多，這樣晚才上市的酒莊更是顯得特別，雖然以耐久存聞名，但採收後約六到七個月，大部分的頂級酒莊就開始預售前一年分的新酒了。等酒成熟、可以喝了再賣，聽起來雖理所當然，卻不是波爾多人的習慣，耐心等候常被認為是買家自己的事。但吉烈特堡卻完全不同，新釀成的酒要先在酒槽裡經過十五年或更久的培養，裝瓶後再等三到五年，大約是葡萄採收後二十年後才會開始上市銷售。

事實上，位處索甸（Sauterne）產區的吉烈特堡，因只產需仰賴特殊天候的貴腐甜酒，條件不是特別好的二〇一二年分，完全停產。要耐心等待的，不僅只是培養的時間，也需要等待好年分的降臨。自一九三七年以來，有一半的年分像二〇一二年一樣，耗費心力採收釀成的酒，大多整桶賣給酒商，不自己培養裝瓶；好一些的，才會挑選混入家族的另一家酒莊Château les Justices，但無吉烈特堡。在天候不佳的一九六〇年代，只產三個年分；一九九〇年代，從一九九一到一九九五，甚至有連續五年完全停產。因為嚴格挑選濃縮的貴腐葡萄，即使在運氣好一些的好年分，平

Château Gilette

均每公頃也頂多產一千兩百瓶，但在拉菲堡，每公頃卻可產約六千瓶。

如果你是銀行，會願意貸款給這樣的酒莊嗎？如果有小孩，會希望他們繼承經營這樣耗時且充滿風險的產業嗎？但葡萄酒業裡最迷人，也最顯美感的地方卻仍是這種有著許多看似遠離現實的老式酒莊，用接近頑固的堅持，繼續存在著，釀造因為超脫時代，而顯得獨特珍貴的葡萄酒。西班牙利奧哈（Rioja）的López de Heredia，堅持百年不變的釀酒方法與酒風，且窖藏十數年才上市，是一典範。但即使是在常被認為現實勢利的波爾多，除了吉烈特堡，也還有瑪歌（Margaux）村的Château Bel Air Marquis d'Aligre和France-Côtes de Bordeaux的Château Le Puy等酒莊，維繫著在財團環伺下，幾近失落的傳統價值。

但，真的需要這麼久嗎？少年都變成「歐吉桑」了。

現任女莊主Julie Médeville的爺爺René 在一九三七年決定不再使用橡木桶來培養葡萄酒，他將釀好的酒放入水泥酒槽裡。不同於木桶培養有較多的氧氣加速熟成，水泥槽內的甜酒在還原無氧的環境下，成熟得相當緩慢，一開始只存了五、六年就裝瓶，但還是太年輕，相當封閉，無法展現最好的風味，於是René繼續延長到十多年才裝瓶。吉烈特堡的葡萄園僅四．五公頃，位在Preignac村中心，為沙礫地，並非索甸區的絕佳地段，是其充滿耐心，非常緩慢的培養法讓其成熟出相當特別的風味，

在奔放豐盛的豪華成熟酒香中，保有年輕與新鮮，甚至有均衡輕巧的口感，讓人忘記這是含有一百多公克糖分的濃郁貴腐甜酒。

是的，這是只有慢慢等才能有的美味。

古酒新滋味

偌大的葡萄酒世界，若論最古意盎然的，西班牙的雪莉酒是其一。每回喝，常有跌進百年時光隧道之感。無論製法與酒中風味，皆如隔世之作，與現下流行的葡萄酒風沒有太多牽連相似之處。雪莉之於當代葡萄酒迷，雖能牽動無盡的異國情調，但對與老派風味卻常感陌生隔閡，即使欲愛之，亦不得其方。

因曾蟄居西班牙南部，經常流連安達魯西亞熱鬧卻蒙塵的小酒館，便如媚惑般，無來由地嗜喝雪莉。我曾經懷疑必須先愛上安達魯西亞熱烈激昂的南方生活，才可能迷戀上雪莉酒。因為一離開西班牙這個最南端的自治區，常民對於雪莉卻立時轉成恨多於愛。雪莉酒迷如我，雖常見英國與西班牙酒評家全心全意地讚賞與推薦，但大多時候總心感孤寂，少有知音。這是一個愛恨分明的味道，沒有模糊不明的遲疑，只是，我一直不知如何為雪莉酒播下愛苗，拔掉恨意。

若論老派過時，味道上的與現世隔閡，西法邊境的加泰隆尼亞地區的祕藏特產Rancio甚至要比雪莉酒更高上一個等級。這種盛行於西法邊境的加泰隆尼亞超氧化系古酒，常藏於酒窖深處，多僅為酒莊留藏自用，很少流入市面，不過Rancio一般會歷經相當激烈且漫長的氧化培養，風格相當粗獷，即使真的裝瓶銷售，真的想買的人應該不多，即使出於好奇買了，會真心喜愛的大概更少見。近來因為有機會在拜訪當地酒莊時，喝了一些出乎意料的精彩版本。當然，也因為年紀大了，對這些

Els Vinyerons酒窖裡的Rancio。

需要時間醞釀的老東西總會多一份憐惜，因而對Rancio硬生出一些喜愛來。Rancio有時會經過加烈，有時只是由蒸發濃縮提高酒精濃度，並無添加酒精或白蘭地。雖然大多沒有殘糖，不甜，但確實也有遇過有甜味的，因為大多是酒莊自釀自飲，釀法隨興，因各家而易，並無一標準。通常採用品質較差或有瑕疵的葡萄酒，也頗常裝在透明的玻璃瓶中在室外日曬，以熱熟成，加速風味的轉化，是距離優雅精緻風味最遙遠的葡萄酒。但經過漫漫長時間的培養卻也可能蛻變出難得的婉約和多變。

無論是雪莉酒還是Rancio，雖賣力引介，但十多年來幾無進展，現下布根地酒友隨處可見，身邊雪莉酒友仍寥寥可數，反倒練就了一人獨飲的慣習。想想，能自享這種跳脫時代，帶著一絲不合時宜的迷人古風，其實，也並無不好。

雪莉酒和Rancio的種類雖頗多樣，但幾乎都採混調多種年分的製法，雪莉酒更有知名的索雷拉（Solera）混調法。總在陳釀中，不時地添入一些新酒，即使喚不回青春，但卻可以為老酒帶來一股生命力道，自自然然地混調成勻稱有致的完滿均衡。但如果倒轉過來，在年輕的酒裡加進陳年老酒又會是什麼樣的風景呢？特別是加進的，是已經匯聚數十年新舊交雜的氤氳古味時，會與青春鮮美激盪出什麼樣的新靈

SOLER 16
15

魂呢？這並非自言自語的幻想，而是同樣也位在加泰隆尼亞的佩內得斯（Penedès）產區裡，有一些瞭解箇中滋味的釀酒師，已經靠著在年輕的酒中偷渡進古酒風味而成功創造出引人的新奇滋味。

佩內得斯是全球第二大氣泡酒產區，當地年產數億瓶的Cava氣泡酒在歷經瓶中二次發酵後，在開瓶除渣時除了補液，也會添加一些糖來調整風味，身為全西班牙最有創意的自治區，當然會有聰明的釀酒師以這些古酒來取代糖。跨雪莉和Cava兩區合作的Colet-Navazos釀造計畫十多年來已成典範，例如他們共同推出的Reserva、Extra Brut氣泡酒，在最後封瓶前混調進Manzanilla和陳年更久的Manzanilla Pasada雪莉酒。雖僅只是微小比例，卻足以讓常顯平淡簡易的Cava汽酒突增深遂與內斂，變得非常耐飲。

Gramona是我心中僅次於Recaredo的西班牙氣泡酒廠，酒中常有非常迷人的陳年風味，除了因為Gramona的頂級氣泡酒常歷經數十個或上百個月的瓶中泡渣歷程，但也因為Gramona酒窖中存有超過百年歷史的Rancio，僅須極微小比例就能調出其他Cava廠無法泡製的酒莊風味。

不只是氣泡酒，佩內得斯的自然派酒莊Els Vinyerons也在白酒 Lluerna中添加Rancio，而這可能是我遇過最聰明、也最成功的白酒調配。九十%是來自自然派無添加釀造、七十年有機種植的石灰岩區Xarello老樹；混入十%前一年釀造橡木桶培養的Xarello老酒，然後加進〇・〇一%經玻璃瓶日照熟成與木桶氧化培養的Xarello Rancio，喝起來仿如經過漫長培養與等待的陳年白酒，完滿多變，非常耐飲。如果不看價格，甚至可能會誤以為是頂級旗艦酒，但其實，是最入門款的低價白酒。

這些酒也許因為加進了歲月與時光蘊釀成的老式滋味，而能深得我心，但它們的最珍貴處在於偷渡了Rancio和雪莉這些很難被理解與喜愛的古酒滋味，為這些被遺忘、即將消逝的葡萄酒遺產，在年輕酒迷的味蕾偷偷播下了愛戀的種子。

Annex

反本之路

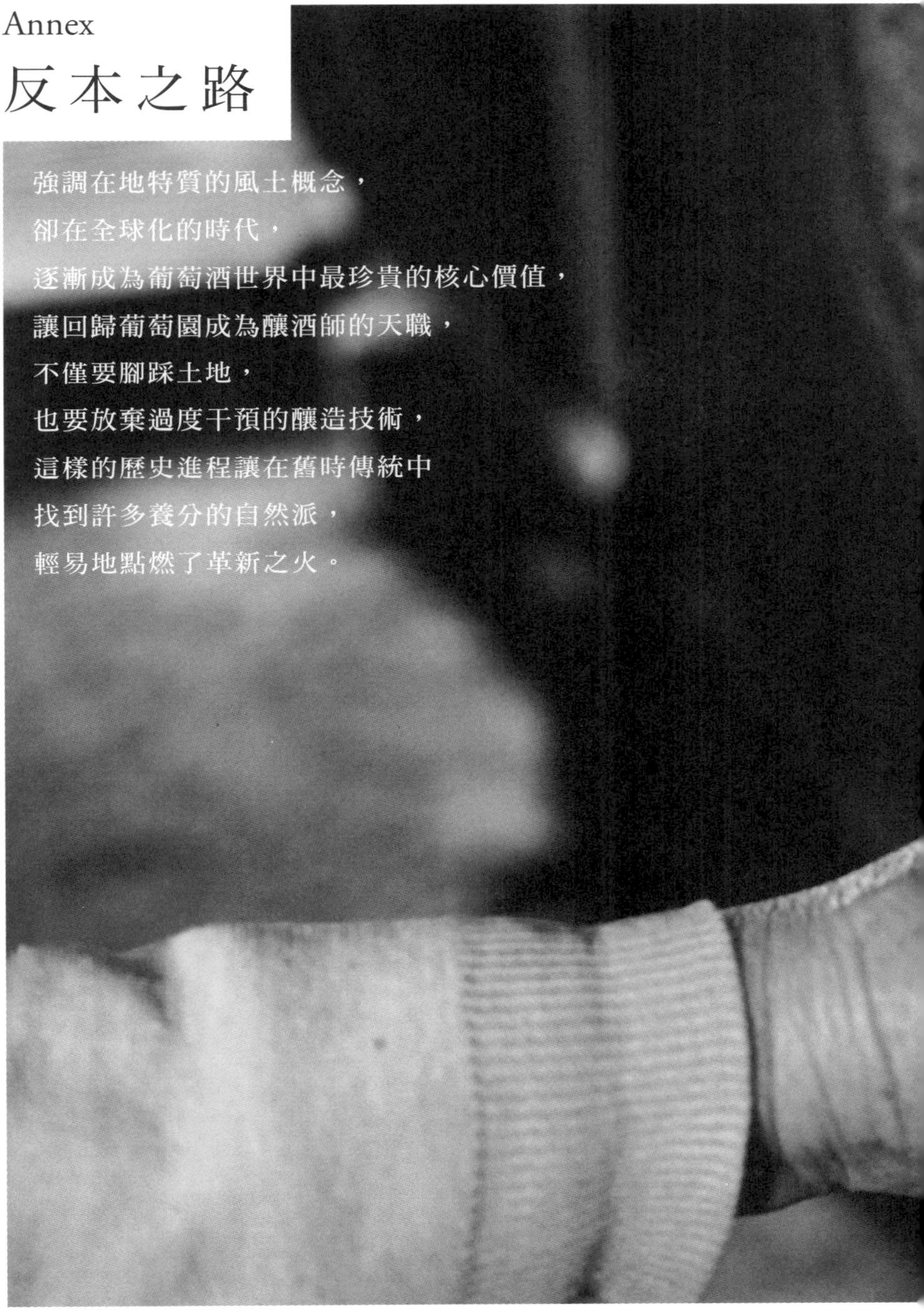

強調在地特質的風土概念，
卻在全球化的時代，
逐漸成為葡萄酒世界中最珍貴的核心價值，
讓回歸葡萄園成為釀酒師的天職，
不僅要腳踩土地，
也要放棄過度干預的釀造技術，
這樣的歷史進程讓在舊時傳統中
找到許多養分的自然派，
輕易地點燃了革新之火。

葡萄酒世界的返本歸真

在數千年的葡萄酒歷史中，二十年也許相當短暫，但僅只是在一個世代之間，就讓一個強調與自然秩序相合的農法，從異端轉換成為主流。看似偶然的意外，但其實是時代波潮牽引的必然。

一九九八年，第一次拜訪布根地傳奇名莊樂華酒莊（Domaine Leroy）時，女莊主Lalou Bize花了兩個多小時的時間，耐心解釋自然動力農法（Biodynamie，或譯成生物動力農法）的原理，以及為何在十年前選擇這個在當時極具爭議、甚至經常被村中葡萄農當成笑柄的詭奇農法。問她是否相信占星術——沒有任何遲疑——她堅定地說：「我相信！」這在法國大多偏向理性思維的釀酒師間其實並不常見。

但現在的情況卻完全相反，布根地酒莊採行自然動力農法已是稀鬆平常的事，特別是在最頂尖知名的酒莊間幾近常態，尚未採用的酒莊反而更常需要跟訪客解釋為何選擇不用。倒是近幾年拜訪樂華酒莊時，已經很少再聽到Lalou談自然動力法了，因為那早已經是布根地菁英酒莊的日常。事實上，此農法也早已遍及全球，當今全球最昂貴的十款葡萄酒之中，就有七款採行自然動力法，其中甚至有四款產自樂華酒莊。而全球最昂價的葡萄酒Romanée-Conti，酒莊在經過二十年的實驗之後，也於二〇〇八年公開宣布已全面採行自然動力農法。

當人工智慧、大數據和雲端運算正在翻轉世界，改變人類未來的同時，葡萄酒世界

中卻正興起一股放棄現代科技、師法自然、返璞歸真的逆向潮流。自然動力法僅只是其中的一個例子。不單單只是種植農法，葡萄酒的釀造也同樣興起了減少添加的自然派風潮，甚至從現代釀酒學興起前的年代尋求靈感，釀成許多既復古卻又創新的葡萄酒。但最有趣、影響最深遠的，是面對這些打破既有框架的自然派葡萄酒時，連最根本的美味價值標準，也被迫要重新調整，從單一的審美角度演變成更多元的價值與美味。

在全球化的歷程中，廠牌經營以及市場行銷改變了傳統葡萄酒業的版圖，全球化的葡萄酒口味也對地方傳統風味帶來威脅，但同時，卻也對比出「Terroir」的珍貴處，這個類似於地方風土特產的概念，已經是今日葡萄酒世界中普遍被接受的核心價值，特別是在高級葡萄酒中，釀酒師幾乎言必稱風土，甚至自稱是風土的僕人。一開始主要是在歐洲傳統產區，但現在，即使是新興產區的釀酒師也一樣奉風土為圭臬，至少在陳述釀酒理念時是如此。即便是擅長混調產區的釀酒師也會宣稱是調配多重風土的結晶。在歐洲的主要產國，更將各地葡萄酒的風土特色，以法定產區的概念變成葡萄農必須遵循的法令，葡萄園的自然條件、種植的品種、釀造方法和名稱，都在規範的範圍之內。一瓶精彩的葡萄酒除了釀得好喝之外，還須具備地方風土特性，或者所謂的地方感，一種來自原產土地、別於他處的珍貴風味。

將「Terroir」的概念發揮到極至的產區，如法國的布根地，每一片園都有自己的名字並分出等級，擁有自己的風格和特色，並標誌在酒標上成為酒的名字。特別是一些由石牆圍繞起來的歷史名園，數百年來傳承著同一片土地的獨有風味。在布根地，一瓶沒有釀出葡萄園特色的酒，即使釀得再完美、再好喝都是枉然。即使沒有布根地的傳統與分級，全球無論新舊產區，單一園的概念都更加的盛行，自有個性常常超越了調配多園的絕對完美。如同獨奏與交響樂，後者也許更嚴謹、雄偉磅礡，但前者卻常帶著更多情感、更能觸動人心。

當對風土的注重，把葡萄酒的價值帶回到葡萄本身、帶回到葡萄園時，可能改變或遮蔽葡萄園特質與風味的釀酒技術或農業科技，都必然地要屈居次要的位置，甚至被視為障礙。用與自然相合的耕作法，用最少的干預來釀造以真實呈顯風土原貌，便成為現今葡萄酒業的首要課題。而返璞歸真的潮流便是對此的最佳回應。

現代農業和釀酒科技大都是為了因應工業革命之後大規模生產的需求，從機械化耕作、機器採收、人工育種、化學肥料，到殺蟲與除菌劑的使用、溫控設備、人工選育酵母、濃縮機、選果機，以及各式現代釀酒法與添加物等，都讓葡萄農與釀酒師可以在降低風險的情況下，耕作更廣闊的葡萄園，釀造更大量的無缺點葡萄酒。但也常切斷了許多葡萄酒與土地及自然的連結，或甚至生命感。科技帶來的方便也讓許多代代相傳、極為珍貴的經驗與傳統在一兩個世代之間，就完全被遺忘。對於自耕自釀、更接近土地的小型酒莊來說，這些技術與方法不一定是釀造葡萄酒與展現風土特性的最佳解答。相較之下，在現代化的歷程中逐漸遺失的舊時傳統、建基在長時觀察累積的經驗，雖然不一定符合現代釀酒原理，但在手造小農的規模下，往往更加有效且合用。即使這些在較早現代化的產區都已經遺失，但仍然有一些較孤立、自足的邊陲產地，如法國的侏儸區（Jura）、西班牙的加利西亞（Galicia）或高加索山區的喬治亞（Georgia）都還保留著歐洲百年或甚至數千年前的傳統釀酒技藝。其實，在現代釀酒學興起之前，就已經釀出許多精彩珍釀，現代的葡萄酒或許有較穩定的品質，但卻不一定更能耐久，連美味好喝也不一定都全及得上。

在過去半個世紀以來，葡萄種植和釀酒科學雖有長足的進展，但所知的範圍仍然相當有限，從自然動力法或自然派葡萄酒的興起過程中，讓我們看見了科學的盲點與不足。曾經釀酒學讓我們相信避免在釀造時讓葡萄酒氧化可以讓酒更耐久，但事實其實剛好相反。當我們開始理解到菌根菌與葡萄的共生關係後，我們才赫然發現除草劑和滅菌劑對土壤生態的傷害有多大。這些例子也同時讓我們發現自然派的釀造與自然動力法其實也都自有道理。

曾經，全球化的葡萄酒市場配合飛行釀酒顧問以及明星酒評家與媒體，制定了上一個世代的葡萄酒價值體系與風格，特別是百分制的評分方法，高空跨越了語言和文化的屏障，直接影響全球的葡萄酒市場。但這樣的評分體制卻是建立在絕對的審美價值之上，常自地方風土中抽離，如此依據專業訓練養成的標準，理性客觀地對每一瓶酒評斷高下，真的能更接近真實嗎？

社群媒體的蓬勃發展，以及侍酒師、策展人、葡萄酒吧、酒店老闆等葡萄酒傳訊者，開始讓葡萄酒評與影響力有了去中心化的可能、讓更多元的聲音可以被容納——特別是那些常常被酒評家忽略、產自較偏遠、較不知名的地方風土，酒風樸素、接近自然原貌的葡萄酒，或者，屬於至今仍難以被學院派理解與接受的自然派葡萄酒。但是，它們的存在，除了讓葡萄酒的世界變得更廣闊多元，也稍稍打破了既有的框架，讓舊有的經典能與時俱進。在返本歸真的進程中，演化出更貼近自然與人性、專屬於我們這個時代的葡萄酒新風景。

Hervé Villemade（右上）
Antoine Foucault（右下）
Philippe Jambon（左）

和宇宙相生相合的耕作哲學

在特別崇尚風土之味的葡萄酒業，自然動力農法在三十年間從異端成為精英葡萄酒圈中的主流。也許因為帶著許多神祕性，農法本身竟也成為許多飲者關心的主題。身為在台灣成長的葡萄酒作家，二十多年來對此農法略有涉獵，以下是我對此農法的一些個人見解，也許會對自然動力法感興趣的人有所助益、能在葡萄酒的品嘗上有新的領會。

西方醫學的解剖學精確地展現人體實質可見的肌肉骨骼、血管神經以及臟腑器官，更細微的，甚至也包括細胞和藏著人體藍圖的ＤＮＡ；但中醫的經絡氣血在解剖學上就不是那麼明白可見了，雖無法完全用已知的科學檢視，但我們卻也無能否定它的存在，畢竟這樣的醫學系統確實存在著實際的醫療成效。

自然動力農法這一個完全翻轉西方現代科技的耕作法，如果把它視為是類似中醫系統的農法，也許，就不會那麼虛玄與反科學了。中醫的理論體系把哲學和醫學融為一體，將陰陽、五行等哲學概念轉化為醫學概念。自然動力農法其實也有類似的源起，奧地利哲學家魯道夫・史坦納（Rudolf Steiner）在自然科學之外創立稱為人智學（Anthroposophy）的靈性科學。一九二四年，由他所創立的自然動力法便是人智學在農業上的應用。

跟中醫的部分理念相似，自然動力法認為所有致病源，如各式的病蟲害，不過是一

種症狀，病源在於植物體與所生環境的不均衡狀態。因此要對抗病蟲害，就必須預防及矯正失衡狀態。只要植物體能與宇宙間的自然力量相合、更均衡強健，便可增強抵抗力，減少致病機會。而表面上，保護植物的化學農藥雖可暫時緩解症狀，卻會導致植物和土壤更加失衡，反而更易患病，絕不能採用。

相較於有機農法，雖也一樣放棄使用化學農藥轉採天然製劑與順勢療法，但自然動力法提供了更多的方法和途徑來維持植物體的均衡與強健的生命力，同時也讓作物與葡萄農之間建立更緊密的關係，甚至與宇宙星體建立連結。史坦納當年就已經提出了編號五〇〇到五〇八的九種製劑。材料主要為蓍草、春日菊、蕁麻、橡木皮、浦公英、柳條等自然物質，在動物的器官中進行發酵轉化而成。

其中最重要，也最根本的，是五〇〇和五〇一，分別和陰與陽，地與天對應，前者以牛糞為原料，後者為石英粉，裝入牛角中埋入土裡進行轉化。五〇〇噴灑於土中，有利於紮根和改變土壤的結構與力量，只要約一百公克加到三十公升的水中，動力攪拌強化一小時，就可施用在一公頃的葡萄園。五〇一則施作於地表以上的莖葉和花果，有利生長與成熟，五〇一的劑量更小，每公頃只需兩公克就可達到效果。

這兩種製劑因扮演的只是傳遞訊息的角色，即使劑量微小卻能產生效用。讓葡萄樹

Horn Manure

瞭解葡萄農與周遭環境的意向，是該休眠還是全力生長？要避免曬傷還是珍惜日照進行光合作用？葡萄農在施行這些農事時，必須進行動力攪拌產生渾沌狀態，將製劑、葡萄農以及攪拌當時的宇宙型態（月亮、太陽與行星的位置）的影響藉由攪拌而透入到水裡，一起傳遞到葡萄園裡。

實行不同的農事也必須依據宇宙天體的節律來進行，史坦納的女弟子Maria Thun更針對月亮與行星對於作物的影響編製了《種植農曆》（*Calendrier des semis*）。占星學相信星體與黃道十二宮和世間諸事皆有對應，從自然動力法的觀點來看，植物的種植或播種以及其他農事的施作時間，如果能依據星盤以及月球與地球的對應關係，挑選最適合的時刻來進行，將更能達致功效。而月球是離地球最近的星體，相較其他行星，對植物的影響也最關鍵。

對占星學存疑的釀酒師大多難以面對這一面向的自然動力農法，但他們最後還是選擇採用的原因大多是被其成效所說服，其中包括全球第一名莊Domaine de la Romanée-Conti酒莊的總管Aubert de Villaine，他雖是一個理性主義者，卻被二十多年的實際經驗所說服，他說，只採用有機種植時，無法提供葡萄園足夠的保護，自然動力法是不得不的決定。

即使只是單純喝酒，透過領會此農法的精髓，或能體會酒中潛藏的生命力與能量這些難以言表、卻可能更根本關鍵的特質，在以理性為根基的感官分析之外，激發出不受形貌所限，更直觀、更具創造力的品嘗潛能。

崎嶇小徑上的真實風景

自然派葡萄酒，也有直稱為自然酒，是近年來葡萄酒界裡討論度最高的議題。支持或嫌惡都有，而且常常壁壘分明。但爭論的焦點大多只是因名稱而起的誤解。畢竟，再自然天成的葡萄酒都還是需要靠人為的力量來釀成，自然派的目標並非百分百自然，而是盡可能減少添加葡萄以外的東西，避免採用會改變葡萄風味的釀酒科技。

雖然從表面上看自然派葡萄酒有著復古、回到過去的一面，但其實是一九八〇年代才發展起來的釀酒運動。希望改變的，是釀酒科技對葡萄酒的過度影響。歐洲對葡萄酒有相當嚴格的管制系統，這裡談的並非食品安全的問題，而是對於酒中的地方風土的傷害。葡萄酒最根本的定義：「由新鮮葡萄或新鮮葡萄汁經酒精發酵而成的酒。」看似簡單，卻很少有現代釀酒師可以達到。

葡萄皮的表面就有發酵所需的野生酵母菌，但不信任這些酵母株的釀酒師會另外添加經過人工選育的酵母，以保證發酵可以穩定安全地進行，而且經由特殊目的選育出的酵母還可以讓葡萄酒產生特別的風味。但對自然派來說，野生酵母即使較難掌控，甚至帶有風險，卻是風土的一部分，必須完全尊重保留，只能透過觀察、認識其特性，再找出相適應的方法來釀製。過度激烈的溫度控制、過濾、澄清、添加二氧化硫等等也都要盡量避免。

CUVEE
du
CHAT
2016.
VINO - VERITAS

自然酒雖然常被視為一種釀造法，例如無添加二氧化硫；或者，也常被視為一種風味，例如氧化氣味。但這些都只屬於一部分的自然酒的表象而已。自然派的根基是建立在對葡萄酒業越來越工業化，離自然風味越來越遠的反省所形成的自然派釀酒理念，並由此理念釀成各種多元面貌的葡萄酒。透過自然派對現代釀酒學的反省，讓我們看到教條式的釀酒原則和方法的盲點與不足，例如前述對原生酵母的畏懼與輕忽，或如對添加物、二氧化硫的過度倚賴等等。

在試圖打破制式釀酒原則的同時，自然派在釀造上獲得更多的自由和解放，或復古或創新，或結合兩者，在極為短暫的時間中就開創出非常多樣的新葡萄酒類型，例如，以白葡萄泡皮釀成的橘酒（Orange wine）或自然無添加的氣泡酒Pét-Nat、黑白葡萄混釀的淡紅酒Clairet、在陶罐中發酵培養的Amphora紅、白酒等等，更多的創新也正在醞釀之中。雖然和學院派的釀酒師所熟悉的經典釀法不同，但假以時日，必也能自成經典。而現在，葡萄酒世界已經因為自然派的存在，變得更多彩多樣了。如果還硬是將自然派劃限在特定的釀酒法或風味之內，便會有如瞎子摸象般的危險和誤解。

自然派葡萄酒的愛好者族群從一九九〇年代巴黎十一區的ＢＯＢＯ族以及日本市場開始，慢慢地擴及全球，逐漸成為主流市場外相當重要的利基市場。近年來，甚至

也吸引一些商業大廠純粹為了市場考量開始投入所謂「自然酒」的生產。但是，自然派真正最深遠的影響，不僅止於釀造自然酒。透過對學院式釀酒學權威以及葡萄酒工業化的反思，在這三十年來也開始影響一些受過學院訓練的釀酒師們，從完全排斥到開始嘗試原生酵母發酵，便是最明顯的轉變。

在完全捨棄添加物的條件下，許多自然派的葡萄農也一樣釀出澄澈透明、鮮美可口，卻又充滿生命力的葡萄酒，其中甚至也有經得起數十年考驗的例子。從自然派的嘗試與成果中，已經給予許多非自然派的釀酒師珍貴的啟發與靈感，釀出更獨特迷人、更接近自然天成的葡萄酒。現代釀酒技術為葡萄酒業建立了像高速公路般快速方便的工具，自然派卻選擇了崎嶇難行的鄉間小徑，雖然浪漫，但道路曲折顛簸、塵土飛揚在所難免，換得的代價是更接近土地，也更身歷其境的真實風景。

鼠系香氣

雖說葡萄酒是釀酒師釀造的，但其實，真正把葡萄變成酒的，是微小的釀酒酵母（*Saccharomyces cerevisiae*），這些在釀造上最關鍵的微生物，可以是釀酒師添加進酒槽裡的選育酵母，也可以是原本就附著在葡萄皮上的原生酵母。自然環境中潛在的釀酒酵母菌種非常多樣，各有專長和特性，自然派的釀酒師通常會選擇不加干預，讓它們彼此競爭，接力完成酒精發酵。

看似自然天成，得來不費工夫，但環境中微生物的存在並非以釀酒為目的，葡萄作為食物，葡萄酒其實是微生物大量繁衍與代謝後剩餘的副產品。生命總是自有進程和出路，要陪著數以億萬計的微生物共舞，釀成美味的葡萄酒，不只不容易，更是充滿著許多未知與凶險。

讓釀酒師傷透腦筋的酒香酵母菌（Brettanomyces，常簡稱為Brett），也是酵母菌的一種，不知是否為了反諷，被定名為酒香酵母，常會讓葡萄酒產生所謂鄉村系的氣味，例如走進馬窖裡的氣息。也許有人會喜歡，但對釀酒師來說，這是必須被去除的汙染源。維持酒窖的衛生環境，盡量減少老舊木桶這些容許細菌藏身的容器確實可以改善，但這些酵母菌也存在葡萄皮上。使用二氧化硫來抑止酒香酵母作怪是許多釀酒師會採行的方法，除了抑菌，二氧化硫也能抗氧化，是相當萬用的釀酒添加物。只是，添加之後，也會影響包括原生酵母在內的眾多微生物的活力，甚至會降

低將來葡萄酒對氧氣的耐受性。

加與不加、加多少、何時加，無論是否為自然派，都是釀酒時的重要決定，因為跟繁多的微生物有所牽連，也很難有標準答案。加了可能暫時解決問題，但也可能創造更多新問題。在談自然派的老鼠味危機之前，這是最需要瞭解的前提。如果你不太在意自然派的發展，倒是可以忽略這篇文章，雖然無法完全保證，但通常添加足量的二氧化硫抑制微生物的活力，是可以輕易避過老鼠味的。

最大的恐懼不是釀造失敗，而是不可預期的未知。自然派的釀酒師近年來最大的擔憂，不是氧化，不是揮發性酸，更不是酒香酵母菌感染，而是不可預期、捉摸不定的鼠系氣味。酒中的老鼠味聽起來很聳動，很倒胃口，但其實跟白蘇維濃的貓尿味一樣，來源都跟動物完全不相干，而且也不一定是完全討人厭的。一九九〇年代初當我還在法國念書的時候，這樣的氣味在課堂上是以花生味來定名，跟英文中比較常用的爆米花或玉米片香氣其實是近似的氣味，也有人認為是印度香米或乳酪餅乾的香氣。雖然葡萄酒迷們不一定都討厭，甚至也有人偏愛，但釀酒師大多不希望在自己釀的酒裡出現，因為嚴重時真的可能轉為讓人聯想到老鼠籠的詭異氣味。而現在 Goût de Souris（老鼠味）也已經成為正式的品嘗名詞了。

即使釀酒師們已經知道這些氣味的來源是由葡萄酒中的某些微生物在代謝時產生

的，例如乳酸菌Lactobacillus hilgardii，甚至也知道2-乙醯基-3-、-4-、-5-、-6-四氫吡啶等四種分子是這些氣味的主要來源，但真正讓釀酒師擔憂的是，這些微小的分子雖然已經存在酒裡，但大部分的時候卻不一定都能察覺得出來。因為這些分子在葡萄酒的酸性環境中不具揮發性，單用鼻子聞是完全聞不到的，必須把酒嚥下，讓酸鹼值接近中性的口水稀釋口中殘餘的葡萄酒後，讓酸味降低，才有可能感知到。

但同時，這也取決於葡萄酒所處的溫度和氧化情況，以及其他仍不明的原因。這意味著這些氣味可能在裝瓶上市一段時間之後才會被發現，甚至同一批酒也可能僅出現在一部分的酒瓶中；也常在窖藏數月後消失；或是開瓶數小時之後才喝得出來。但讓情況更複雜的是，有大約三十%的人感知不到這些香氣，如果釀酒師剛好是這幸運（或不幸）的三十%，要控管這些惱人的氣味就更難上加難了。

即使曾在一些陳年的加烈酒中體驗過這樣的氣味，但近年來幾乎都只在自然派的葡萄酒中喝到。沒有添加或添加非常小量的二氧化硫是鼠系香氣越來越常見的最關鍵原因。但即便如此，還是有非常多無添加二氧化硫保護的葡萄酒，完全沒有受到老鼠味的汙染。在最近四年間，每年密集品嘗數百到上千款的自然派葡萄酒，大約有將近十%的酒有疑似的氣味，其中嚴重到影響品嘗的不到一半，而且大多是在桶邊試飲的時候遇到。

無鼠味的自然派葡萄酒除了仰賴好運氣，酸度高，也就是酸鹼值特別低的葡萄酒也常能避過這樣的麻煩，努力維持酒窖潔淨和嚴格汰選的自然派釀酒師也較少有此問題。很多酒評家無法理解明知有風險卻又堅持不添加的行為，甚至質疑是反二氧化硫的教條主義作祟。身為一個自然派的提倡者與愛好者，我也很不喜歡留在喉嚨深處的鼠系香氣，容忍度甚至遠低於氧化、揮發性酸和遭Brett菌感染的氣味，顯然我也不在那幸運的三十%裡。但我認為鼠味的問題只能用二氧化硫來解決也是另一種教條主義，雖然表面上可能是最方便簡單的解決辦法。

如同一開始談到的前提，加不加二氧化硫也許重要，但對一些自然派釀酒師來說，如何看待與微生物和平共存，在釀酒槽裡找到生態均衡這一件事也許更為關鍵。習慣仰賴防護網是一種安全的保障，但也可能是更貼近真實世界的阻礙，而酒裡的老鼠味便是試著走出防護網可能遭逢的代價之一。至於喝還是不喝，端看在意的是那十%的惡還是九十%的美好。

Poulsard
2015

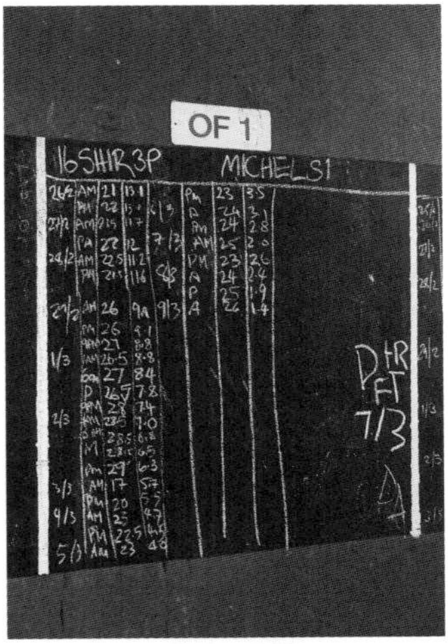
OF 1

飲饌風流 100

生命不可過濾——
葡萄酒的返本之路

作者／林裕森

總編輯／王秀婷
主編／洪淑暖
版權／徐昉驊
行銷業務／黃明雪、林佳穎

發 行 人／凃玉雲
出 版／積木文化
104台北市民生東路二段141號5樓
官方部落格：http://cubepress.com.tw/
電話：(02) 2500-7696 傳真：(02) 2500-1953
讀者服務信箱：service_cube@hmg.com.tw
發 行／英屬蓋曼群島商家庭傳媒股份有限公司城邦分公司
台北市民生東路二段141號11樓
讀者服務專線：(02)25007718-9 24小時傳真專線：(02)25001990-1
服務時間：週一至週五上午09:30-12:00、下午13:30-17:00
郵撥：19863813 戶名：書虫股份有限公司
網站：城邦讀書花園 網址：www.cite.com.tw
香港發行所／城邦（香港）出版集團有限公司
香港灣仔駱克道193號東超商業中心1樓
電話：852-25086231 傳真：852-25789337
電子信箱：hkcite@biznetvigator.com
馬新發行所／城邦（馬新）出版集團
Cite (M) Sdn Bhd
41, Jalan Radin Anum, Bandar Baru Sri Petaling,
57000 Kuala Lumpur, Malaysia.
電話：603-90578822 傳真：603-90576622
email: cite@cite.com.my

美術設計／楊啟巽工作室
製版印刷／上晴彩色印刷製版有限公司

2021年4月22日 初版一刷
Printed in Taiwan.
售價／550元
ISBN 978-986-459-281-4

國家圖書館出版品預行編目資料
生命不可過濾：葡萄酒的返本之路/林裕森著. -- 初版. -- 臺北市：積木文化出版：英數蓋曼群島商家庭傳媒股份有限公司城邦分公司發行, 2021.04 面； 公分. -- (飲饌風流；100) ISBN 978-986-459-281-4(平裝) 1.葡萄酒
463.814 110004688